最新生物化学実験

― 入門から応用へ ―

大阪公立大学 理学部生物化学科 編

大阪公立大学出版会

まえがき

　生物は，肉眼では見えない単細胞生物から，高度に分化した多細胞で組織化されたヒトまで，大きさ，形態，生活様式など，非常に多様である．一方で全ての生物はその多様な遺伝情報をDNAという化学物質に書き込み（RNAウィルスという例外はあるが），DNAを複製するためのほぼ共通した基本的メカニズムを有している．この生物の多様性と普遍性はたいへん不思議で，人々の興味を惹きつけてやまない．

　この不思議な，生物が「生きている」というメカニズム，すなわち「生命」に興味をもち，生命を「分子」の視点から考えようとする若い人達が大学の生物化学科の学士課程の学生である．学ぶべき領域は広く，そこには生命を分子反応としてとらえる生化学・分子生物学から，生命を細胞や組織の機能から解明する細胞生物学・生理学も含まれる．さらに，生物化学は純粋科学として存立するだけでなく，医学・薬学や工学などと幅広い応用分野を形成している．生物化学を学ぶ学士課程の学生は，教室で授業を聞いて知識を得るだけでは不十分で，自分で実験や実習を行い，体験を通じてこれらを学ぶことが重要である．

　しかし，幅広い分野を有し，しかも爆発的に知見が増えつつある現代生物学を網羅した実験・実習は，限られた時間と場所では不可能である．そこで学士課程の学生には生物化学のあらゆる領域の基盤となる実験や実習を体験することが重要となる．そのために大阪公立大学理学部生物化学科の教員は，植物および動物，分子・細胞レベルから個体レベルまで，まず学士課程で学ぶべき実験・実習テーマを厳選した．これらのテーマは今の生物化学の教員が学生時代に学んだ生物化学実験とは異なり，新しい実験方法で溢れている．今の学生が学士課程で学ぶべき基本の実験方法である．3年生前期までにこれらの実験方法を学び，これが生物化学の中でどのように位置づけされるかを理解したならば，4年生や大学院生になってより専門的な分野を学び，どの研究分野の道に入っても，その経験を活かすことができる．

　今後，生物化学がますます発展していくことは明らかである．個々の種のゲノム配列から遺伝子産物のネットワーク推定と機能解明，生命機能にかかわる大規模研究データの処理，人工変異個体作製による遺伝子機能解析，細胞間・個体内での情報伝達の仕組みの解明，創薬や人工材料による病気の治療など，今の学士課程の学生が大学や企業で研究開発に取り組む日には，このような研究に従事することであろう．この本に書かれた実験方法の全てがそれら近未来の生物学研究の基礎として不可欠なものであると考える．あるいは学士課程の学生がこれらの実験の中で興味ある分野を見出し，それが学生の将来進みたい方向を決めるヒントになってくれたら，この本の作成の目的が達せられたといえる．

2025年3月

執筆者を代表して
川 西 優 喜
（大阪公立大学 理学部 生物化学科長）

目　次

まえがき	i
実習を安全に行うための注意事項	1
レポート作成要領	3
レポート作成例	5

第1部　入門編

1. タンパク質の定量：酵素免疫測定法（ELISA）による
タンパク質の定量　……　13
2. タンパク質の粗精製と SDS-PAGE による分子量測定　……　21
3. ウェスタンブロット法によるタンパク質発現解析　……　29
4. タンパク質の X 線結晶構造解析の基礎：
精製，結晶化および構造観察　……　37
5. 抗体への蛍光標識と細胞受容体の可視化　……　45
6. 糖の定性と定量　……　51
7. プラスミドの精製と培養細胞への遺伝子導入　……　57
8. 大腸菌の DNA 修復 —微生物遺伝学実験—　……　63
9. 哺乳動物の臓器・器官の観察 —マウスの解剖—　……　71
10. 哺乳動物の臓器・器官の観察 —マウスの組織切片の染色・観察—　……　79
11. 生命情報データベースの利用　……　85
12. 生体分子立体構造の可視化とモデリング　……　103

第2部　応用編

13. 培養細胞からの RNA 抽出，RT-PCR による
遺伝子発現解析，および TA クローニング　……　121
14. 動物細胞の増殖と細胞死の解析　……　135
15. リポソームとハイドロゲルの調製　……　139
16. 酵素の機能解析（1）酵素基質の合成，反応速度論，酵素の阻害　……　147
17. 酵素の機能解析（2）pH 依存性と基質特異性　……　169
18. タンパク質の立体構造とフォールディング　……　177
19. 計算によるタンパク質相互作用の解析　……　185
20. 放射線・紫外線の遺伝的影響　……　205
21. マウス体外受精による初期発生の観察　……　225
22. 植物細胞の分化全能性　……　233

執筆者一覧　……　241

実習を安全に行うための注意事項

【1．一般的注意事項】

(1) 正当な理由がない無届欠席，または大幅な遅刻・早退などで，実質的に実験の主要部分が未実施と見なされる者のレポートは，提出されても採点対象としない．

(2) 教育実習，病気，事故などによる，やむを得ない欠席・遅刻・早退については，できる限り事前に申告すること．

(3) 実験室では飲食は厳禁．実験室はP1（BSL1）施設で，一般の講義室とは異なる．また，実験台に食品・飲料を置くことも禁止する．

(4) ヒールの高い靴やサンダルは禁止する．転倒時には自身だけでなく，周囲にも危険が及ぶ．

(5) 鞄や荷物はロッカーまたは実験台下の棚に収納し，通路や実験台の上に置かない．傘は傘立てに挿す．

(6) 顕微鏡を使う実習ではマスカラ厳禁．接眼レンズが壊れる．

(7) 事前に特殊健康診断（遺伝子組換え）と動物実験安全教育訓練を受けること（ガイダンス時に説明する）．

【2．器具・機械類に関する注意事項】

(1) 機器の取り扱い要領を十分に習得し，正確に使用することは実習の大きな課題の一つである．実験室内の器具や装置には**精密**で**高価**なものがあるので，担当教員の指示に従って正しく使用すること．

(2) 実習に使用する器具・機械類は，自分だけのものではない．大切に取り扱うこと．また，実験室内には，本実験に使用しない精密な装置や器具も備えられており，これらには**むやみに触れないこと**．

(3) 実験終了後は，教員の指示に従い，使用した物品を所定の位置に戻すこと．また，ガラス器具等はていねいに洗浄し，乾燥用のバットに入れること．

【3．薬品類に関する注意事項】

(1) 一般に使用する薬品は，酸，アルカリ，塩類などの無機物から，糖，アミノ酸，色素，有

機溶媒など多くの種類がある．これらの中には，腐食性，毒性，爆発性，引火性，発火性の強い危険な物質も含まれる．試薬の調製，保管に当たっては担当教員の指示に従うこと．使用する物質の，物理・化学的特性を前もって調べ理解し，安全性を確認しつつ実験を進めることは重要なことである．
(2) 有毒ガスが出る恐れのあるものは，必ずドラフト中で使用すること．
(3) 実験中に誤って劇薬などが手指や皮膚・衣類に付着した時は，速やかに水洗し，経過をみながら適切に手当てすること．また，担当教員に報告しその指示を受けること．
(4) 薬品をとりこぼした時は，担当教員に報告すると共に，速やかにこぼした本人が責任をもって清掃すること．特に透明無色の溶液が手指や皮膚・衣類に付いた場合，他人に危害を及ぼす場合があるので，十分注意すること．

【4．実習の後片付けに関する注意事項】

(1) 実習が終了したら，実験台の上下に散らかったものは各自あるいはグループで共同して責任を持って片付けること．また，実験台の上はぞうきんで拭いてきれいにすること．
(2) ガラス器具類は次の実験でも使用する．**洗浄はていねいに行うこと**．通常は，洗剤でよくブラッシングした後，水道水で10回程度すすぎ，最後に蒸留水を通してから乾燥させる．特別の薬品を使った場合は担当教員の指示に従うこと．
(3) 破損したガラス器具類，剃刀や注射針などの危険物は，担当教員が指定した場所に廃棄すること．器具等を破損した場合には，必ず担当教員に報告し，補充等の対応を願い出ること．
(4) 廃液，廃薬品の処理は，担当教員の指示に従い，適切に処理すること．
(5) ゴミは教員の指示にしたがって分別し所定の場所に捨てること．

レポート作成要領

　A4版レポート用紙を用い，表紙を添付すること．項目2～5の注意事項を良く読み，レポート作成時の参考にすること．（必ずしもすべての注意事項をレポートに含む必要はない．）

【1．表紙】

- 表紙例を参考に，以下の項目を列記する．
- 実験科目名（生物化学実験Ⅰなど）・課題名（担当教官）・実験者名（氏名・学籍番号）・共同実験者名・実験日時・気象条件（野外実習の場合のみ）・レポート提出日

【2．目的】

- 実験の「目的」および「実験の背景と原理」を簡潔に述べる．
- 目的は，実験マニュアルに記載されたものでもよいが，各自が実験の内容，意味を理解し，明瞭かつ簡潔に記載する．
- 長文になる場合は，それぞれ項目に分類し，箇条書きにする．
- 実験の背景や原理は，各自で調査したものを付加できればなお良い．

【3．方法（実験材料および実験方法）】

- 実験材料として用いた試薬，酵素，生物材料等の名称や学名を記す．
- 実験方法には，使用した実験器具，方法などを具体的に記す．
- 実験手順は，実習書丸写しではなく，箇条書き・フローチャートを利用し簡潔に記述する．
- 実際の実験手順が，実験書と異なる場合があるので注意する．
- 必要であれば，図，数式も入れる．
- 測定器の操作方法や操作上の注意事項等は書く必要はない．

【4．結果】

- 実験より得られたデータを整理し，第三者がわかるようにまとめる．

- データを図表にまとめる場合は，見やすくわかりやすい図表の作成を心掛ける．
- 図や表には，番号（図１，図２，表１，表２など）と題名を必ず付ける．
- 図表番号と題名は，図は下部に，表は上部に書く．
- 必要であれば，図表の題名の下にキャプション（補足説明）を加える（図の記号の意味など）
- 数値には，何の数値かを示し，その単位を必ず書く．
- 写真やスケッチの添付は，何を表しているのかを明記する．
- 作成した図・表などは本文中で引用し，それらが意味することを説明すること．
- 必ず自分のおこなった実験結果を記すこと．
- ネガティブなデータにも価値があるので，事実を書くことが重要である．
- データの改竄，捏造は決しておこなってはいけない．

【５．考察】

- 実験結果から，導かれる事柄について客観的に記述する．
- 事実，意見，文献からの引用は明確に区別する．
- 実験が失敗に終わった場合，その原因についての見解をまとめる．
- 実験データの信頼性や，実験方法の改良点などがないかを検討する．
- 実験を通して得られた結論をまとめる．
- 考察は「実験が面白かった」などと感想を書くものではない．

【６．課題（担当教官が提示した場合のみ）】

- 担当教官が提示した課題がある場合，各自が調べ，回答すること．
- 考察と重複する場合には，その旨を明記すること．

【７．参考文献】

- レポート作成にあたり，参考にした書籍，雑誌，論文等を列記する．
- ウェブ上の情報は参考文献にあたらない．

> **レポート作成例**

生物化学実験１

課題名：○○○○○○○○○○○○

（担当教官：○○○○教授，○○○○助教）

実験者名・学籍番号：○○○○・１２３４５６７８９

共同実験者名：○○○○，○○○○，○○○○

実験日：○○○○年○○月○○日，○○日

レポート提出日：○○○○年○○月○○日

【1．目的】（実験の「目的」および実験の「背景と原理」を簡潔に述べる）

目的
　生物の成り立ちを知る上で○○○は重要である．本実験では○○○の△△△について学ぶ．

＊実験手順書に記載されたものでもよいが，各自が実験内容を理解して明瞭かつ簡潔に記載する．

背景
　生命は数万というタンパク質が正しく働き維持されている…………………．△△△は□□□の反応を定量的に測定できる方法として広く利用されている．

原理
　本実験で用いる○○○法の原理は図1に示すように…………………．

＊背景と原理は各自で調べたことを付加できればより良い．全体として長くなる場合はこの例のように分けて書く．

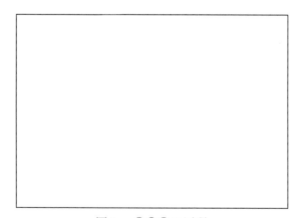

図1　○○○の原理

＊図には番号と題名をつけ，図の下に示す．さらに文章中で指し示す．

【2．方法】（実験材料および実験方法をできるかぎり具体的に記す）

試薬（試料）
2 mg/mL トリプシン，50 mM 基質ペプチド，…………………

＊実験に用いた試薬，酵素，生物材料の名称や学名を記す．

実験器具

分光光度計，小型遠心機，ピペットマン，マイクロテストチューブ，……………………

＊使用した器具をすべて記す．操作上の注意事項などは書く必要ない．

実験方法

① ○○○の準備

　試料をバッファーで50倍に希釈して，…………………．

② △△△の開始

　上で調製した溶液に，×××を加えて反応を開始した．

③ □□□の測定

　1分ごとに□□□を△△△で測定した．

④ ◇◇◇の決定

　得られたデータの○○を横軸に，○○を縦軸にとり，グラフ用紙にプロットして，◇◇◇を決定した．

＊過去形の文章を基本とする．

＊箇条書きにするとわかりやすい．

＊数字，アルファベット，記号は半角文字を使用する．単位の記述は"数字_単位"（数字と単位の間に半角スペース，例：10 μg/mL）である．ただし，℃と％は例外で，"数字単位"（数字と単位の間にスペース無し．例：10%）とする．

【3．結果】（実験データを整理して第三者がわかるようにまとめ，過去形の文章で書く）

　○○○の測定結果は表1のようになった．条件Aでは1分後に○○であったが条件Bでは△△…………………．これらの結果をプロットしたところ（図○），◇◇◇は×××となった．

表1　○○○の測定結果（＊表の題名は表の上に示すこと）

	1分後	5分後	10分後	30分後
条件A				
条件B				

＊補足説明があれば脚注として表の下に記す．

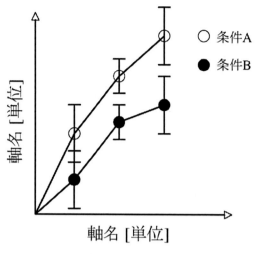

図○グラフタイトル

グラフの説明（例：独立した3回の実験の平均値±S.D.を表す。）

(1) 図表には番号と題名（タイトル）を必ずつける．数値には必ず単位をつける．
(2) 表の題名は表の上，図の題名は図の下に記す．
(3) 表内の補足事項は脚注を用いる．
(4) グラフは，グラフ用紙を用いて描くか，パソコンで作成する．手描きは不可．グラフの軸のタイトルは軸に平行にする（縦軸タイトルは文字を寝かせる）．グラフの説明はグラフタイトルの下に記述する．
(5) グラフの軸はグラフ用紙の元線を利用するのではなく，定規を用いて引く．原則として横軸は測定パラメータ項目，縦軸は求める項目をとる．
(6) グラフの各軸には適当な間隔で目盛りと数値を入れる．

実測データの記載に関して
(1) 測定値は有効数字で示す．有効数字の最後のケタは標準偏差などでその誤差範囲などを示すものであり，最後のケタから2番目の数以上は絶対に間違いのない数である．
(2) JIS Z 8401による数値の丸め方は，有効数字以下の数は切り捨て，または切り上げをする．上げるときは，その上のケタを1だけ増し切り捨てる，いわゆる「四捨五入」であるが，「五」の時には注意が必要である．すなわち，5のときは，その下のケタに0以外の数字があるときは切り上げ，それ以下のケタが0もしくは不明のときはその上のケタの数字が偶数になるようにする．つまり2.25は2.2，2.35は2.4となる．
(3) 分析結果には標準偏差を附記することが望ましい．
(4) 分析結果は，計算に用いたケタ数が最小の有効数字と同じケタ数になるよう修正する．

【4．考察】（実験結果から導かれる事柄について客観的に記述する）

　図○より○○○の××は△△であると考えられる．しかし，グラフの形状が○○○となっており，◇◇の影響を考慮して実験値を補正する必要がある．○○○らが提唱している△△法則に則って補正を施すと表2のようになる．その結果，酵素Aは酵素BおよびCに比べて○○○性が高いことがわかった．これは…………………．

表2　△△補正した○○○

	酵素A	酵素B	酵素C
○○○値（mM）			

　一方で，データにばらつきが見られたのは測定時の温度が一定でなかった可能性が考えられる．○○○などを用いて温度を保ちながら測定すれば実験精度の向上が期待できる．

　本実験で用いた◇◇◇は○○○の決定方法として最適である．これにより酵素の×××の性質が明らかとなる．しかしながら，より××な議論を行うためには実験方法の改良が必要である．

＊事実，意見，文献からの引用は明確に区別する．実験が失敗に終わった場合に，その原因について見解をまとめる．データの信頼性や実験方法の改良点などがないか検討する．最後に結論をまとめる．

＊課題と重複する場合にはその旨を明記する．

【5．課題】（担当教官が提示した場合のみ）

(1) ○○○はどうして起こるのか？
　　表1に示すように………．一方，○○○らが提唱する◇◇によると………．したがって，○○○○は温度依存的に増強されると………．

(2) ◇◇◇はpH依存性である．この理由は何か？
　　表1に示すように………．

＊考察と重複する場合にはその旨を明記する．

【6．参考文献】（参考にした書籍，雑誌，論文などを列記する）

1. ヴォート基礎生化学 第3版, (2011年), 東京化学同人
2. K. Hasegawa, *et al.*, *Int. J. Mol. Sci.*, 24(5): 4608–4612, 2023
3. …………………………

4. ……………………………

＊「参考文献」欄には参考にした図書名または文献のタイトル，著者，出版社，発行，発表年などを記すこと．なお，教科書・辞典・学術論文・政府刊行物など，権威あるものを引用すること．現時点ではホームページ（ウィキペディアなど）を引用することは望ましくないが，どうしても必要な場合はホームページのタイトル，URL，閲覧年月日を記すこと．

第1部
入門編

1．タンパク質の定量：酵素免疫測定法（ELISA）によるタンパク質の定量

【1．実験スケジュール】

1日目：講義およびELISA法で使用する試薬の調製
2日目：直接吸着法によるマウスIgGの検出：抗体の特異性の確認
3日目：サンドイッチELISA法による未知濃度サンプルの抗体(IgG)濃度の決定

【2．事前の注意事項】

　計算機およびグラフ用紙等を持参すること．また，必ず白衣を着用し，保護メガネをかけること．実験は基本的に2人1組で行う．

【3．実験の背景・原理・目的】

[3.1. はじめに]

　今回の実習では，免疫反応を用いてタンパク質を定量する方法を学ぶ．一般に生物材料となる体液や組織には非常に多くのタンパク質が含まれている．生化学研究においては，これらの様々なタンパク質が異なる濃度で含まれる試料中から，特定のタンパク質のみを定量する必要がある．特に，他のタンパク質に比べて微量しか存在しないタンパク質を定量したい場合には，特異性の高さと定量性の良さが同時に求められる．このような目的に合致する検査法として，抗体の特異性を利用した方法が開発された．すなわち，目的のタンパク質のみと反応し，夾雑する他のタンパク質とは反応しない抗体が獲得できれば，それによって特異性および定量性の高い分析が可能となる．

　このような「免疫化学的測定法」には，ゲル内沈降反応，免疫比濁法，そして固相免疫測定法がある．固相免疫測定法で最も初期に実用化されたものの一つに，放射免疫測定法（radioimmunoassay: RIA）が挙げられる．これはプラスチックのチューブ（固相）に抗原を結合させ，ラジオアイソトープで標識した抗体を加え，結合した抗体の量をアイソトープの放射能として測定する方法である（開発者の一人であるRosalyn Yalowは1977年ノーベル生理学・医学賞を受賞）．RIAはラジオアイソトープを利用するため，検出感度は高いが，利用できる施設が限られる欠点があった．そこで，アイソトープを酵素に置き換え，抗体に結合した

酵素の反応でタンパク質の定量を行おうと開発されたのが**「酵素免疫測定法」**（Enzyme-linked immunosorbent assay: ELISA）である．この方法は，安価で簡便であるため，現在ではホルモンやサイトカインなどの微量タンパク質や感染性微生物抗原の検出と定量を目的として，きわめて広範に用いられている．

[3.2. 原理]

プラスチックの表面などの固相に，目的とするタンパク質が含まれた溶液を接触させ，溶液中のタンパク質を吸着させる．その後，液相を取り除いて固相に吸着したタンパク質のみを残し，これに目的とするタンパク質のみに特異的に反応する抗体を加える．用いる抗体に酵素標識をしておけば，結合した抗体の量に比例して，酵素もたくさん存在することになり，酵素反応が強く起こる．酵素反応によって発色する基質を検出に用いれば吸光度を測定することにより，結合した抗体の量がわかり，ひいては元々存在したタンパク質の量が定量できることになる．

ELISA法には直接吸着法とサンドイッチ法の2種類がある．直接吸着法（図1）では目的とするタンパク質を含む溶液を直接，固相（プラスチック製のチューブやマイクロプレートのウェル）に接触させ，固相表面に非特異的に吸着させる．次いで，後から加える抗体が直接固相に吸着しないように，固相表面を無関係なタンパク質で覆う（この操作をブロッキングとよぶ）．ここで，目的のタンパク質に特異的な抗体を加え，目的タンパク質に結合しなかった抗体を洗い流し，残った抗体を酵素反応によって定量する．この方法は簡便であるが，目的とするタンパク質が非常に微量しか存在せず，目的以外のタンパク質が大量にある場合，溶液中の目的タンパク質はほとんど吸着しなくなってしまい，ほとんど検出できなくなる．

これに対し，サンドイッチ法（図2）は，まず固相に目的のタンパク質に特異的な抗体を結合させておく．固相表面をブロッキングした後，目的のタンパク質を含む溶液を加えると，溶液中のタンパク質が「抗原─抗体反応」により固相に結合する．結合しなかったタンパク質を洗い流した後，標識した別の抗体を加え，固相に結合していた目的のタンパク質を定量する．この場合，最初に抗原をとらえる（capture）抗体と，後から結合量をはかる（detection）標識抗体とは同じタンパク質上の異なる部位に結合しなければならない．すなわち，目的の抗原

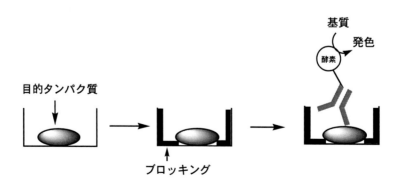

図1　直接吸着法の原理

1．タンパク質の定量：酵素免疫測定法（ELISA）によるタンパク質の定量

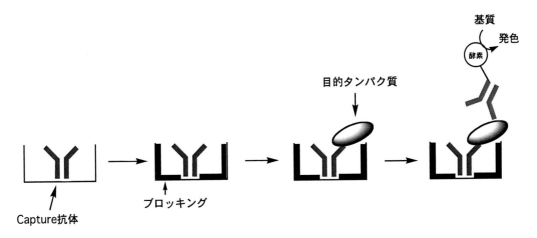

図2　サンドイッチ法の原理

上に複数の抗原結合部位があるか，用いる2種類の抗体が同一分子上の異なる抗原決定基を認識しなければならない．

【4．実験方法】

1日目
【4.1. ELISA法で使用する試薬の調製】

2・3日目の実習で用いる緩衝液PBSを調製する．PBSはPhosphate Buffered Salineの略称で，リン酸緩衝食塩水ともよぶ．生物学の研究で一般的に使用される緩衝液である．とくに，カルシウムおよびマグネシウムを含まないPBSをPBS(-)と表記し，一方でそれらの金属イオンを含むものをPBS(+)と区別して表記する場合がある．PBS(+)は哺乳動物細胞の培養の実験操作中に細胞接着を強めるために用いられる．ここでは，PBS(-)を用いる．

[4.1.1. 材料・試薬・器具]
リン酸二水素カリウム（KH_2PO_4）
塩化カリウム（KCl）
リン酸水素二ナトリウム12水和物（$Na_2HPO_4 \cdot 12H_2O$）
塩化ナトリウム（NaCl）
500 mL三角フラスコ
500 mLメスシリンダー
250 mL培地瓶
スターラーバー
スターラー
電子天秤

pH メーター
磁石

[4.1.2. 操作]
(この手順は，2班合同で行う．2班で総量 500 mL の PBS を調製する．)
(1) 下記のとおり，500 mL の PBS を調製するのに必要なリン酸二水素カリウム，塩化カリウム，リン酸水素ナトリウム 12 水和物，塩化ナトリウムをそれぞれ秤量する．

KH_2PO_4	100 mg
KCl	100 mg
$Na_2HPO_4 \cdot 12H_2O$	1.45 g
NaCl	4 g

(2) 500 mL 三角フラスコに約 400 mL の純水を入れ，それぞれの試薬を溶解する．
(3) 500 mL メスシリンダーへ溶液を移し，純水を用いて体積を 500 mL にあわせる．
(4) 溶液を 500 mL 三角フラスコに戻し，スターラーで撹拌した後，pH メーターを用いて，溶液の pH が約 7.4 であることを確認する．
　　備考：この分量で調製をすれば，PBS の pH は 7.4 付近となる．
(5) 250 mL の溶液を培地瓶へ移し，オートクレーブにより滅菌を行う．
(6) ELISA 用プレートに BSA, ヤギ IgG, マウス IgG, KLH を 0.05 M 炭酸―重炭酸緩衝液 (pH 9.6) に溶かした溶液 (5 μg/mL) を各ウェルに 100 μL ずつ分注する (各タンパク質を 2 ウェルずつ分注する)．溶液が蒸発しないように，プレート用シールでしっかりと密封して，1 晩静置する．

2日目
【4.2. 直接吸着法によるマウス IgG の検出：抗体の特異性の確認】
　本実験では，直接吸着法により 4 種類のタンパク質 (BSA, ヤギ IgG, マウス IgG, KLH) を ELISA プレートに固定化し，抗マウス IgG 抗体を作用させマウス IgG を検出する．抗体の抗原特異性について確認すると同時に，ELISA に必要な基本操作を習得する．

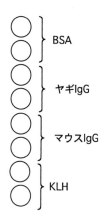

[4.2.1. 材料・試薬・器具]
BSA (Bovine Serum Albumin)
ヤギ IgG
マウス IgG
KLH (Keyhole Limpet Hemocyanin)
PBS (Phosphate Buffered Saline) リン酸緩衝生理食塩水*
PBS-T 溶液 (PBS に 0.05% Tween 20 を添加)
ブロッキング用バッファー (1% スキムミルク入 PBS)*

1．タンパク質の定量：酵素免疫測定法（ELISA）によるタンパク質の定量

酵素標識抗マウス IgG 抗体
o-フェニレンジアミン タブレット
過酸化水素水
0.05 M 炭酸—重炭酸緩衝液（pH 9.6）*
0.1 M クエン酸緩衝液（pH 5.0）*
2 N 硫酸
30％ アジ化ナトリウム溶液
*学生実習 3 日目にも利用する試薬のため，本日の実習後は廃棄しない．
ELISA 用プレート
マイクロピペッター
プレートリーダー
アルミホイル
プレート用シール

[4.2.2. 操作]
(1) ブロッキング用バッファーの調製：0.5 g のスキムミルクに 50 mL の PBS を加え，激しく撹拌し溶解させる．これに 50 μL の 30％ アジ化ナトリウム溶液を加える．調製したブロッキングバッファーを 50 mL 遠心チューブに移す．
（注意）30％ アジ化ナトリウム溶液を使用する際には必ず手袋を着用のこと．
(2) プレート上のタンパク質溶液をすべて捨てる．各ウェルにブロッキング用バッファーを 400 μL ずつ分注する．プレート用シールでしっかりと密封して，30 分間静置する．
(3) 以下の試薬の調製を行う．
　① PBS-T の調製：30 mL の PBS に 15 μL の Tween 20 を加える．
　② 酵素標識抗マウス IgG 抗体溶液の調製：2 μL の酵素標識抗マウス IgG 抗体に 1 mL の PBS-T を加える（500 倍希釈）．
　（注意）Tween 20 の粘性が高いため，このときイエローチップの先端をハサミで切ったものを用いて，マイクロピペッターにより測りとる．
(4) ブロッキングバッファーを捨てて，PBS-T 溶液で 4 回洗浄する．
　（洗浄方法：溶液をすべて捨てる．各ウェルに 200 μL の PBS-T 溶液を加え，直ちに溶液を捨てる．この操作を 4 回繰り返す．）
(5) 酵素標識抗マウス IgG 抗体溶液を各ウェルに 100 μL ずつ分注し，プレート用シールでしっかりと密封して，室温で 30 分間静置する．
(6) 基質溶液の調製：50 mL の 0.1 M クエン酸緩衝液（pH 5.0）に *o*-フェニレンジアミン タブレットを 1 個溶解し，25 mL 2 本に分注して，遮光して保存する．（溶液は 2 班で分注して使用する．）操作 8 で基質溶液をプレートに添加する直前に，8 μL の過酸化水素水を加え，基質溶液として使用する．
（注意）*o*-フェニレンジアミン（発がん性あり）を使用する際には必ず手袋を着用のこと．

(7) プレート上の溶液を廃棄し，PBS-T 溶液で 4 回洗浄する．
(8) 基質溶液を各ウェルに 100 µL ずつ素早く分注する．発色を確認し，2 N 硫酸を 50 µL ずつ素早く分注する（酵素反応の停止）．基質溶液を加える時と 2 N 硫酸を加える時には，同じ順番で加えること．こうすることにより，すべてのウェルの反応時間をほぼ同じにすることができる．
(9) 発色後のプレートは遮光して保存する．できるだけ早く，プレートリーダーで吸光度（測定波長 490 nm）を測定する．

3 日目
【4.3. サンドイッチ ELISA 法による未知濃度サンプルの抗体 (IgG) 濃度の決定】

　本実験では，抗マウス IgG 抗体を固定化させたプレートを用いてサンドイッチ ELISA 法により未知濃度サンプルの IgG 濃度を決定する．また，サンドイッチ ELISA 法の原理を理解するとともに，ELISA を行うにあたって，必要な基本操作を習得する．<u>グラフ用紙を必ず持参すること</u>．

[4.3.1. 材料・試薬・器具]
マウス IgG
抗マウス IgG 抗体
PBS（Phosphate Buffered Saline）リン酸緩衝生理食塩水
PBS-T 溶液（PBS に 0.05% Tween20 を添加）
ブロッキング用バッファー
牛血清（FBS）
酵素標識抗マウス IgG 抗体
o-フェニレンジアミン　タブレット
過酸化水素水
0.05 M 炭酸－重炭酸緩衝液（pH 9.6）
0.1 M クエン酸緩衝液（pH 5.0）
2 N 硫酸
ELISA 用プレート
マイクロピペッター
プレートリーダー
アルミホイル
プレート用シール

[4.3.2. 操作]
(1) ELISA 用プレートに 5 µg/mL 抗マウス IgG 抗体溶液を各ウェルに 100 µL ずつ分注する（16 ウェル分（ストリップ 2 個））．溶液が蒸発しないように，プレート用シールでしっか

1. タンパク質の定量：酵素免疫測定法（ELISA）によるタンパク質の定量

りと密封して，室温で1晩静置する．

(2) プレート上のタンパク質溶液をすべて捨てる．各ウェルにブロッキング用バッファー（実習2日目に調製したものを使用する）を400 μLずつ分注する．プレート用シールでしっかりと密封して，30分間静置する．

(3) <u>PBS-Tの調製</u>を行う．50 mLのPBSに25 μLのTween 20を加える．Tween 20の粘性が高いため，このときイエローチップの先端をハサミで切ったものを用いて，マイクロピペッターにより量りとるとよい．

(4) 以下の試薬の調製を行う．

① <u>抗体(IgG)希釈用バッファー（10%牛血清添加PBS）</u>：4.5 mLのPBSに500 μLの牛血清（FBS）を加える．

② <u>抗体(IgG)希釈液の作製</u>：合計8本の0.5 mLマイクロチューブを用意し，その中の7本（B～H）に200 μLの抗体希釈用バッファーを入れる．Aのマイクロチューブに400 μLの100 ng/mLマウスIgG溶液を入れて，その中から200 μLを取り出してBに加え，よく混合する．さらにBから200 μLを取り出してCに加え，よく混合する．この操作を順次繰り返すと抗体(IgG)溶液の2倍希釈系列ができる．（最終濃度（ng/mL）：A, 100; B, 50; C, 25; D, 12.5; E, 6.25; F, 3.13; G, 1.56; H, 0.781）

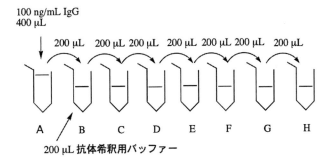

③ <u>未知濃度サンプル希釈液の作製</u>：合計6本の0.5 mLマイクロチューブを用意し，その中の5本（J～N）に180 μLの抗体希釈用バッファーを入れる．Iのチューブに200 μLの未知濃度サンプル入れて，その中から20 μLを取り出してJに加え，よく混合する．さらにJから20 μLを取り出してKに加え，よく混合する．この操作を順次繰り返すと未知濃度サンプルの10倍希釈系列ができる．

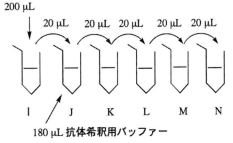

第 1 部　入門編

(5) ブロッキングバッファーを廃棄し，PBS-T 溶液で 4 回洗浄する．
(6) 4 で調製した抗体（IgG）の希釈溶液を各ウェルに 100 μL ずつ添加する．また，IgG 未知濃度サンプルおよびブランクとして抗体希釈用バッファー（10% 牛血清添加 PBS）を各ウェルに 100 μL ずつ添加する．室温で 30 分間静置する．
(7) <u>酵素標識抗マウス IgG 抗体溶液の調製</u>：4 μL の酵素標識抗マウス IgG 抗体に 2 mL の PBS-T を加える（500 倍希釈）．
(8) プレート上の溶液を廃棄し，PBS-T 溶液で 4 回洗浄する．
(9) 酵素標識抗マウス IgG 抗体溶液を各ウェルに 100 μL ずつ分注し，室温で 30 分間静置する．
(10) <u>基質溶液の調製</u>：50 mL の 0.1 M クエン酸緩衝液（pH 5.0）に o-フェニレンジアミンタブレットを 1 個溶解し，25 mL　2 本に分注して，遮光して保存する．（溶液は 2 班で分注して使用する．）<u>操作 12 で基質溶液をプレートに添加する直前に</u>，8 μL の過酸化水素水を加え，基質溶液として使用する．
　　（注意）o-フェニレンジアミン（発がん性あり）を使用する際には必ず手袋を着用のこと．
(11) プレート上の溶液を廃棄し，PBS-T 溶液で 4 回洗浄する．
(12) 基質溶液を各ウェルに 100 μL ずつ素早く分注する．発色が始まるので，十分発色させたところで，2 N 硫酸を 50 μL ずつ素早く分注する（酵素反応の停止）．基質溶液を加える時と 2 N 硫酸を加える時には，同じ順番で加えること．こうすることにより，すべてのウェルの反応時間をほぼ同じにすることができる．
(13) 発色後のプレートは遮光して保存する．できるだけ早く，プレートリーダーで吸光度（測定波長 490 nm）を測定する．
(14) グラフ用紙を用いてデータ解析を行い，未知濃度サンプルの濃度決定を行う．

【5．レポートおよび課題】

(1) 抗体の機能的，構造的な特徴をあげ，説明しなさい．
(2) 抗体を用いた分析法についていくつかあげ，その利点について述べなさい．
(3) 3 日目の結果より，横軸に抗体（IgG）濃度，縦軸に吸光度をプロットし，グラフを作製しなさい．また，この結果より，未知濃度 IgG サンプルの濃度を決定しなさい（サンプルの希釈率を考慮すること）．

2．タンパク質の粗精製とSDS-PAGEによる分子量測定

【1．実験スケジュール】

1日目：オボアルブミンとオボグロブリンの粗精製
2日目：ポリアクリルアミドゲル電気泳動法による精製度の確認と分子量測定

【2．実習受講の際，各自で持参するもの】

白衣，油性のサインペン，実習テキスト，筆記用具，定規（15 cm以上あれば十分）

【3．実験の背景・原理・目的】

　ある物質Aの性質を調べるには，その物質Aを単離しなければならない．例えば，ヘモグロビンの性質を調べたければ，血液からヘモグロビンだけを分離精製する必要がある．他の物質が混ざった状態で性質を調べても，その特性が一体どの物質由来のものなのかを解析することは困難である．本実習課題では，卵白（混合物）からオボアルブミンとオボグロブリンという2種類のタンパク質を抽出する．そして，抽出したサンプルの分子量および精製度を，ポリアクリルアミド電気泳動法（SDS-PAGE）により調べる．

【4．実験方法】

1日目
[4.1. 材料・試薬]
全卵（1個），0.2 N H_2SO_4，0.5 M NaCl，50 mM Tris-HCl buffer，pH8.2
飽和$(NH_4)_2SO_4$溶液（以下「飽和硫安」と略する）
Loading Buffer (0.2 M Tris-HCl, 40% Glycerol, 4% SDS, 5% 2-Mercaptoethanol, 0.02% BPB, pH6.8)

[4.2. 器具洗浄・ゴミ捨て・あとかたづけ]
・卵とガーゼは「卵ごみ」用のバケツに捨てる．

第1部　入門編

- 使用済みのマイクロチューブやチップは実験台上の産廃入れに捨てる．
- ビーカー，メスシリンダー，ガラス棒，遠沈管，スパテラ（薬さじ）は洗剤と水でよく洗い，純水でリンスした後，洗い桶で乾燥する．
- コニカルチューブや三角フラスコに入っている試薬の残りは実験台上に放置する．
- その他のゴミは可燃ゴミ用のゴミ箱に捨てる．

[4.3. 操作]

(1) 100 mL ビーカーにガーゼを乗せ，卵を割って卵白のみをガーゼ上に落とす．黄身を混合しないように注意すること．

(2) 卵白を濾す．搾り過ぎてオボムコイドを押し出さないように注意すること．

(3) 得られた卵液の体積を 25 mL または 50 mL メスシリンダーで量る（要記録）．

(4) 卵液を再び元の 100 mL ビーカーに戻し，卵液と同体積の飽和硫安を同じメスシリンダー（洗わなくてよい）で量り取り，ビーカーの卵液に加える．その後，ガラス棒で緩やかに混合する．

(5) 白濁した溶液を遠沈管に入れ（水などでの洗い入れ不可），大型遠心機で 4,000 rpm×10 分間，遠心分離する．得られた沈殿は「オボグロブリンの精製」へ，上清は「オボアルブミンの精製」へ進む．上清の上にクリーム状の膜がある場合は，ガラス棒で絡め取って捨ててから上清を分取すること．

－オボアルブミンの精製－

(6) 上清の体積をきれいな 25 mL または 50 mL メスシリンダーで計り（要記録），きれいな 100 mL ビーカーに移す．

(7) （上清体積×0.17）mL の 0.2 N H_2SO_4 を 10 mL メスシリンダーおよびマイクロピペッターを使って加え，軽く混ぜる．

(8) ガラス棒で穏やかに混ぜながら，P1000 のマイクロピペッターを使って，飽和硫安を最初は大胆に，後半は様子を見ながら少しずつ加えていく．飽和硫安を加えた瞬間に一過性の沈殿が生じるので，これが消えるまでは次の飽和硫安を加えないこと．加える飽和硫安の量が増すにつれ，一過性沈殿が段々消えにくくなる．30 秒以上撹拌しても消えなくなってきたら，飽和硫安の添加を止める．

(9) ラップでビーカーに軽くフタをし（密閉し過ぎず，空気が通るようにしておくこと），実験台上に静置して，次の実験日まで結晶を成長させる．

(10) 結晶溶液を遠沈管に入れ（水などでの洗い入れ不可），大型遠心機で 4,000 rpm×10 分間，遠心分離する．

(11) 上清を捨てた後，得られた沈殿をスパテラを使ってウェット重量で約 0.1 g 計り，きれいで乾いた 100 mL ビーカーに入れる．これに，きれいなメスシリンダーで 10 mL の Tris-HCl Buffer を加え，沈殿を溶かす（溶かし方のコツは手順(13)を参照）．この液を 2 本の 1.5 mL マイクロチューブに入るだけ入れ，卓上遠心機で 13,000 g×1 分間遠心分離する．ビーカーに残ったタンパク質液は実験が終わるまで捨てないこと）．

(12) 得られた上清を，沈殿が入らないように気を付けながら，マイクロピペッターを使って1本の試験管に移す．この液をオボアルブミン原液として，手順(18)〜の「SDS電気泳動サンプルの調製」に従い処理する．

― オボグロブリンの精製 ―
(13) 沈殿が入った遠沈管に，0.5 M NaClを加え，ガラス棒を使って沈殿を溶かす．沈殿は溶け難いので，0.5 M NaClを一気に入れるのではなく，始めは極少量の0.5 M NaClで沈殿をよくほぐし，溶けやすくしてから更に0.5 M NaClを序々に加え，遠沈管の15 mLの目盛りまで加える．
(14) 飽和硫安を遠沈管の30 mLの目盛りまで加える（50%硫安の状態になり，沈殿が生じる）．この液を再び，大型遠心機で4,000 rpm×10分間，遠心分離する．
(15) 上清を捨て，上記(13)，(14)の作業をもう一度繰り返す．
(16) 上清を捨て，得られた沈殿をスパテラを使ってウェット重量で約0.3 g計り，きれいで乾いた100 mLビーカーに入れる．これに，きれいなメスシリンダーを使って10 mLのTris-HCl Bufferをこれに加え，沈殿を溶かす．この時も(13)と同様一気にBufferを加えず，少しずつ加えて沈殿を完全に溶かすこと．この液を2本の1.5 mLマイクロチューブに入るだけ入れ，卓上遠心機で13,000 g×1分間遠心分離する．
(17) 得られた上清を，沈殿が入らないように気を付けながら，マイクロピペッターを使って1本の試験管に移す．この液をオボグロブリン原液として，(18)〜の「SDS電気泳動サンプルの調製」に従って処理する．

― SDS電気泳動サンプルの調製 ―
(18) 1.5 mLのTris-HCl bufferと，(12)または(17)で得たタンパク質原液1.5 mLをマイクロピペッターを使って乾いた試験管に入れる（タンパク質原液2倍希釈）．この溶液の280 nmでの吸光度を測定する（セルブランクは調整済みなので，ブランクの測定は不要）．吸光度が1.0以上となった場合は，Tris-HCl bufferで更に希釈して測定し直すこと．
(19) 1 mg/mLのオボアルブミンの吸光度を$A_{280}=0.712$，1 mg/mLのオボグロブリンの吸光度を$A_{280}=1.775$として，タンパク質原液の濃度（mg/mL）を求める．
　　（例）オボグロブリン2倍希釈溶液の吸光度が0.600だった場合
　　　　オボグロブリン原液の濃度 → $0.600 \div 1.775 \times 2 = 0.676$ mg/mL
(20) 1 mLのタンパク質原液を乾いた試験管にとり，タンパク質濃度が約0.4 mg/mLとなるようにTris-HCl bufferを加える．
　　（例）オボグロブリン原液の濃度が0.676 mg/mLだった場合
　　　　$1 \times 0.676 \div 0.4 - 1 = 0.69$ mLのTris-HCl bufferを加えれば良いから，
　　　　P1000のマイクロピペッターで0.69 mLのTris-HCl buffer加える．
　　（例）オボアルブミン原液の濃度が1.69 mg/mLだった場合
　　　　$1 \times 1.69 \div 0.4 - 1 = 3.225$ mLのTris-HCl bufferを加えれば良いから，

P1000 のマイクロピペッターで 3.2 mL の Tris-HCl buffer 加える．0.025 mL は四捨五入．

(21) 0.4 mg/mL タンパク質溶液 30 μL を，P200 のマイクロピペッターを使って Loading Buffer（実験室前方，教卓左横にある冷蔵庫の下段にあり）の入ったマイクロチューブに入れ，ボルテックスミキサーでしっかり攪拌する．これをヒートブロック（実験室後方の実験台上にあり）で 100℃，3 分間加熱する．

(22) 1 日目のオボグロブリン・サンプルは，教卓の指定された場所に置く（教員が保管）．2 日目のオボアルブミン・サンプルは，直ぐに電気泳動をするので，泳動時にゲルと共に持参する．

2日目
[4.4. 材料・試薬・器具]
1.5 M Tris-HCl buffer (pH8.8), 1 M Tris-HCl buffer (pH6.8), 30% Acrylamide-0.8% Bis 10% APS（ペルオキソ二硫酸アンモニウム）水溶液, 1% SDS 溶液
比較サンプル (B, O, C, T, L, H, W), クリップ：2 個,
泳動プレート：A, B それぞれ 1 枚

コウム（クシ様の白色プラスチック板）：1 枚
シールチューブ（縁が凸になっている方が表）：1 つ

[4.5. 器具洗浄・ゴミ捨て・あとかたづけ]
- アクリルアミド（毒）は，専用の廃液ボトルへ入れる．
- 使用済みのマイクロチューブやチップ，自分のサンプルの残りは，実験台上の産廃入れに一旦集め，教卓前の「手袋＆産廃」ゴミ箱に中身を捨てる（産廃入れは捨ててはいけない）．
- ビーカー，メスシリンダー，ガラス棒，遠沈管，スパテラ，コウム，シールチューブは，洗剤と水でよく洗い，純水でリンスし，洗い桶で乾かす．
- コニカルチューブに入っている試薬の残りは，そのまま実験台の上に置いておく．
- ボルテックスミキサーは教卓上の指定場所へ置く．

[4.6. 操作]
－ゲル板の組み立て－

(1) 泳動プレート A の外側の面のプレート底辺から 6 cm の所に，底辺と平行な線を油性サインペンで引く．

(2) 泳動プレート A の内側に汚れやゴミがないかよく確認し（ある場合はキムワイプで拭き取る），スペーサーに合わせてシールチューブを密着固定する（シールチューブの裏表注意）．
(3) 泳動プレート B を，内側に汚れやゴミがないかよく確認した後，泳動プレート A の上に重ね，クリップで挟んでとめる（クリップの位置は口頭で説明する）．

－ゲル溶液の調製－
(4) 次表に従って試薬を混合し，分離ゲル，濃縮ゲル溶液それぞれをビーカーで調製する．APS は P200 のマイクロピペッター，その他は P1000 のマイクロピペッターで秤量し，必ずビーカーで調製すること．試験管や三角フラスコではゲル板に流し込む作業が難しくなる．

（単位は mL）	分離ゲル（下）	濃縮ゲル（上）
H_2O	2.12	2.46
1.5M Tris-HCl (pH8.8)	2.0	—
1M Tris-HCl (pH6.8)	—	0.5
30% Acrylamide-0.8%Bis	3.0	0.6
10% APS	0.08	0.04
1% SDS	0.8	0.4
TOTAL	8.0	4.0

［注］Acrylamide は流しに捨てない，なるべく手に付けない（猛毒）．
［注］溶液を泡立てないように細心の注意を払うこと．試薬を混ぜるときはビーカーをゆっくり回転させて混合し，ガラス棒などは使わない．特に SDS は泡立ち易いので，最後に静かに混合すること．ゲルを固めた時点で，気泡やホコリが入ったものは作り直しになる．

［注］以下の (5)～(6)，(9)～(10) の作業は手早く行うこと．のんびりしているとゲルが固まりだし，気泡も入り易くなる．

(5) 分離ゲル溶液に重合反応開始剤の TEMED（3.2 μL，教員または TA が入れる）を加え，A, B 両プレートの隙間に，(1) で引いた平行線の所まで液を流し込む．もし線を越えてしまった場合は (6) へ進まず教員を呼ぶこと．
(6) すぐにスポイドで 50% 2-propanol をギリギリいっぱいに重層する．
(7) 20 分以上，ゲルが固まるまで放置する．50% 2-propanol との界面がはっきりしてきたら完了である．
(8) ゲル板を傾けて 50% 2-propanol を除き，洗ビンの水でゲル上層をよく洗浄して，水分をよく切る．
(9) 濃縮ゲル溶液に TEMED（4 μL，教員または TA が入れる）を加え，A, B 両プレートの隙間に，B プレートの切りこみギリギリまで液を流し込む．
(10) コウムを上から刺し込む．レーンに気泡が入り易いので気をつけること．
(11) 25 分以上，ゲルが固まるまで放置する．
(12) コウムを垂直に上げて静かに抜き，すぐにレーンを洗ビンの水でよく洗う（この時レーンに未反応のゲル溶液が残っているとレーンがふさがってしまう）．レーンの歪みがひどい場合は loading チップなどで整える．

第1部　入門編

－電気泳動の開始－

(13) 泳動プレートAの上から，図のようにレーン下部にビニルテープを貼り（プレートBに貼らない），その上に油性のサインペンで，班名とloadするサンプル名を記入する．レーンは1または3つ余裕があるので，破損したレーンがある場合はそのレーンを外す．破損したレーンがない場合は図のようにする．

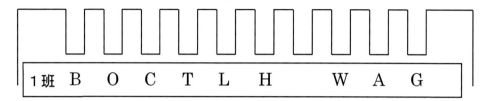

<サンプル名略号>

B --- ウシ血清アルブミン：MW = 66,000　　　H --- ヘモグロビン（MW = 64,750）
O --- オボアルブミン（5回再結晶）：MW = 45,000　　W --- 精製していない卵白
C --- カーボニックアンヒドラーゼ：MW = 29,000　　A --- 各班が精製したオボアルブミン
T --- トリプシン：MW = 23,000　　　　　　　　G --- 各班が精製したオボグロブリン
L --- リゾチーム：MW = 14,300
（B～Lは分子量マーカー）

(14) 泳動ゲル，クリップ2個，サンプルAを持って泳動槽がある場所へ行く．
（サンプルGは泳動槽近くの実験台にあり）
(15) ゲルを泳動槽にセットし（TAが行う），泳動Bufferを満たしてからレーンをloadingチップで整える．
(16) サンプル10 μLを，P20のマイクロピペッターとloadingチップを使って上図のとおりにのせる．
(17) 100 Vの定電圧にて泳動する．電気泳動終了後のゲル染色はTAが行う．

【5．参考】

表1　ニワトリ卵白に含まれる主要なタンパク質

		含有率(重量%)	等電点	分子量
オボアルブミン		54	4.5	45,000
オボグロブリン	G1	3.4	10.7	14,300
	G2	4.0	5.5	
	G3	4.0	4.8	
オボトランスフェリン(別称：コンアルブミン)		12	6.1	77,000
オボムコイド		11	4.1	28,000

2. タンパク質の粗精製と SDS-PAGE による分子量測定

表2 単純タンパク質の分類と諸性質

	溶解性					加熱	硫安塩析	
	水	中性塩溶液	希酸	希アルカリ溶液	アルコール			
アルブミン	溶	溶	溶	溶	不溶	凝固する	70-100%	
グロブリン	難溶	溶	溶	溶	不溶	凝固する	50%	
グルテリン	不溶	不溶	溶	溶	不溶	凝固しない	—	オリゼニン(コメ) 小麦グルテリン
プロラミン	不溶	不溶	溶	溶	溶	凝固しない	—	小麦グリアジン
アルブミノイド	不溶	不溶	不溶	不溶	不溶	凝固しない	—	コラーゲン ケラチン エラスチン フィブロイン(絹糸)
プロタミン	溶	溶	溶	不溶	不溶	凝固しない	—	魚類の精巣蛋白質

【6．レポートおよび課題】

(1) ゲルの画像を貼り付けて結果を図示しなさい．各レーンにどのようなサンプルが Loading されているか，実験をしていない人にも分かるように示しなさい．

(2) 今回の実験結果（上問で貼ったゲルの画像）に基づき，以下の問いに答えなさい．
① 自身の班が精製したオボアルブミン（1回再結晶）と，5回再結晶オボアルブミンを比較した時，どちらがより精製された（純度が高い）オボアルブミンであると考えられるか答えなさい．
② 上のように判断した理由を書きなさい．
③ オボアルブミンが単一タンパク質であるのに対し，オボグロブリンは G1, G2, G3 という3種のタンパク質から成る混合物である．このうち，最も分子量が小さい G1 は，今回用いたある分子量マーカーと同一である．そのマーカータンパク質は何か答えなさい．

(3) 今回実施したオボアルブミンとオボグロブリンの分離は，両者のどのような性質の違いを利用した手法か答えなさい．また，このような精製は何と呼ばれているか答えなさい．

(4) 単純タンパク質の分類において，アルブミンとはどの様なタンパク質と定義されているか答えなさい．また，オボアルブミン以外の代表的なアルブミンを2つ挙げ，その名称を答えなさい．

(5) 単純タンパク質の分類において，グロブリンとはどの様なタンパク質と定義されているか答えなさい．また，オボグロブリン以外の代表的なグロブリンを2つ挙げ，その名称を答えなさい．

第 1 部　入門編

(6) 卵白の主要タンパク質（表1）のうち，オボムコイドは今回の実験において，どの段階で他の主要タンパク質から分離されたか．該当する実験操作の番号を，【実験方法】1日目［実験手順］(1)～(17)の中から，該当するものを1つ選び，番号で答えなさい．

(7) 分子量マーカー(B, O, C, T, L)，ヘモグロビン，オボグロブリン G2 タンパク質，それぞれの R_m 値を，<u>有効数字をよく考えながら</u>算出し，表にまとめなさい．ただし，本テキストに記載している分子量マーカータンパク質の分子量の有効数字は 2 ケタとする．

(8) 分子量マーカー(B, O, C, T, L)の結果を，横軸 = Log（分子量），縦軸 = R_m としてプロットし，分子量を求めるための検量線を Excel で作成し，グラフを貼り付けなさい．

(9) 得られた検量線の式を答えなさい．

(10) 作成した検量線を使って，ヘモグロビンおよびオボグロブリン G2 タンパク質の分子量を，<u>有効数字をよく考えながら</u>求めなさい．

(11) ヘモグロビンの分子量は 64,750 であるのに，(10)のような結果となったのはなぜか．ヘモグロビンの分子構造に言及して説明しなさい．

(12) SDS〔示性式：$CH_3(CH_2)_{11}OSO_3Na$〕について以下の問いに答えなさい．
　① 電離した時の示性式を書き，極性部分と非極性部分を，下線などを引いて明示しない．
　② SDS が電気泳動に利用されるのは，SDS のどのような性質によるものか．2つ以上挙げなさい．

(13) ポリアクリルアミドゲルについて以下の問いに答えなさい．
　① ゲル作成の際に，ゲル内に気泡やホコリが入らないよう細心の注意を払うのはなぜか．
　② ゲル液をプレート間に注入した後，50% 2-propanol を重層するのはなぜか．
　③ アクリルアミドおよびメチレンビスアクリルアミドの取り扱いに注意が必要なのはなぜか．

(14) Loading Buffer の各成分（グリセロール，2-メルカプトエタノール，BPB, SDS, Tris-HCl）それぞれの役割を説明しなさい．

(15) BPB（ブロムフェノールブルー）が先導色素として適している理由を3つ以上挙げなさい．

(16) 今回の電気泳動で，負極は上下どちらの側にすべきか答えなさい．

(17) 今回の泳動条件では，load するタンパク質の量は 2～4 µg が適量である．泳動するタンパク質が適量よりも少ない場合どうなるか．また適量よりも多い場合どうなるか．それぞれ答えなさい．

3．ウェスタンブロット法による
タンパク質発現解析

【1．実験スケジュール】

1日目：SDS―ポリアクリルアミドゲルの作成
2日目：電気泳動とニトロセルロース膜への転写，ブロッキング
3日目：一次抗体の結合
4日目：二次抗体の結合，タンパク質の検出

【2．実験の背景・原理・目的】

　細胞生物学研究において，基本的かつ重要な研究手法の一つであるウェスタンブロット法を習得する．

　ウェスタンブロット法は，ポリアクリルアミド電気泳動によって分離したタンパク質をニトロセルロース膜に転写（ブロット）し，この膜に抗体を反応させることで，特定のタンパク質を検出する手法である．まず，目的のタンパク質を認識する抗体を一次抗体として反応させ，次に，一次抗体を認識する抗体を二次抗体として反応させる．二次抗体には西洋ワサビペルオキシダーゼが結合しており，この酵素が発光反応を触媒する．本実験では，動物培養細胞で発現しているタンパク質を検出する．

【3．実験方法】

1日目
[3.1. ゲル板の組立て]
(1) ガラス板Aとガラス板B（図1A）の汚れやほこりをキムワイプで除去する．
(2) ガラス板Aにシリコンスペーサーを密着固定する．
(3) ガラス板Bの切込みが入っている面をガラス板A側に向け，両ガラス板を重ねる．
(4) ガラス板Aとガラス板Bのずれがないことを確認し，図1Aに示した箇所をクリップで挟む．両ガラス板を固定することでゲル板とする．
(5) ゲル板にコームを差し込む．
(6) 図1Bに示すように，ガラス板Aのコームの下から1.0 cmの位置に油性ペンで線を引く．

(7) コームを取り外す．

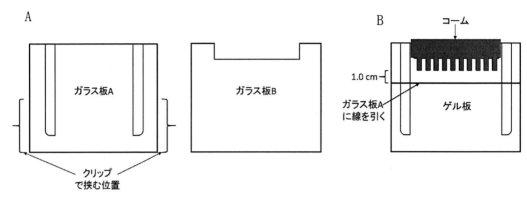

図1　ゲル板の組立て

[3.2. 分離ゲル（14%（w/v）アクリルアミド）の作成]

(8) マイクロピペッターを用いて，ビーカーに，純水 143 μL，750 mM Tris-HCl（pH8.8）3.75 mL，30%（w/v）アクリルアミド－0.8%（w/v）N,N'-メチレンビスアクリルアミド 3.5 mL，10%（w/v）ドデシル硫酸ナトリウム（SDS）75 μL，25%（w/v）ペルオキソ二硫酸アンモニウム（APS）25 μL をこの順番で加える．
　① <u>アクリルアミド溶液は神経毒であるので，手袋を着用して調製を行うこと．</u>
　② <u>SDS は泡立ちやすいので，ビーカー内にゆっくりと加えること．</u>
(9) ビーカーに N,N,N',N'-テトラメチルエチレンジアミン（TEMED）7 μL を加える．
(10) 泡立てないように注意しながら，ゆっくりとビーカーを回転させて，分離ゲル溶液を混合する．
(11) 分離ゲル溶液をゲル板の間に流し入れる（手順6で引いた線まで）．
(12) 分離ゲル溶液の上に，1-ブタノール 300 μL を重層する．
(13) 分離ゲルが固まるまで，約30分間放置する．
(14) 分離ゲルが固まると分離ゲルと1-ブタノールとの境界がはっきり確認できるようになる．ゲルが固まったら，ゲル板を斜めにして，1-ブタノールをキムタオルに吸わせるようにして除去する．
(15) 洗ビンを用いて，分離ゲル上部に純水を入れた後，ゲル板を斜めにして，純水を流し出す（分離ゲル上部の洗浄）．この操作を4回行う．

[3.3. 濃縮ゲルの作成]

(16) マイクロピペッターを用いて，ビーカーに，純水 820 μL，750 mM Tris-HCl（pH6.8）1.25 mL，30%（w/v）アクリルアミド－0.8%（w/v）N,N'-メチレンビスアクリルアミド 375 μL，10%（w/v）SDS 37.5 μL，25%（w/v）APS 12.5 μL をこの順番で加える．
　　<u>アクリルアミド溶液は神経毒であるので，手袋を着用して調製を行うこと．</u>

<u>SDS は泡立ちやすいので，ビーカー内にゆっくりと加えること．</u>
(17) ビーカーに TEMED 5 μL を加える．
(18) 泡立てないように注意しながら，ゆっくりとビーカーを回転させて，濃縮ゲル溶液を混合する．
(19) 濃縮ゲル溶液を分離ゲルの上に重層する（ガラス板 B の切込みまで）．
(20) 気泡が入らないように注意しながら，重層した濃縮ゲルにコームを刺し込む．
(21) 濃縮ゲルが固まるまで，約 30 分間放置する．

[3.4. ゲルの保存]
(22) 実験台の上に，極力しわがないように，ゲル板の 6 倍大のラップフィルムを広げる．
(23) ペーパータオルをラップフィルムの上に置く．
(24) 洗ビンの純水で，ペーパータオルを万遍なく湿らせる．
(25) ゲル板を挟んでいたクリップを取り外す．
(26) 湿らせたペーパータオルの中央にゲル板を置き，ゲル板をペーパータオルで包む．
(27) ゲル板を包んだペーパータオルをラップフィルムで包む．
(28) ラップフィルムに油性ペンで班名を記入し，冷蔵庫で保存する．

2 日目
（以下の操作は手袋を着用して行うこと．）
[3.5. SDS －ポリアクリルアミドゲル電気泳動（SDS － PAGE）]
(29) 泡立てないように注意しながら，泳動槽の下から 1.5 cm の位置まで泳動バッファー（25 mM Tris，200 mM グリシン，0.1%（w/v）SDS）を入れる．
(30) 保管してあるゲル板を冷蔵庫から取り出す．
(31) ゲル板を包んでいるラップフィルムとペーパータオルを取り除き，ゲル板の間にあるシリコンスペーサーをゆっくりと取り外す．
<u>コームは取り外さないこと．</u>
(32) 図 2 に示すように，ガラス板 A 側の濃縮ゲルと分離ゲルの境界より少し下の位置に，班番号を記載したカラーテープを貼る．
(33) ガラス板 B が泳動槽の内側を向くようにゲル板を持ち，ゲル板の下に気泡が入らないように注意しながら，ゲル板を傾けて，ゆっくりと泳動槽に設置する．

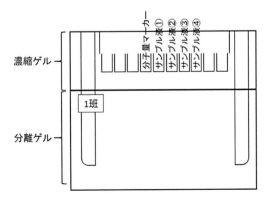

図 2 カラーテープの貼り付け位置とサンプルをアプライするウェルの位置

第 1 部　入門編

<u>ゲル板が泳動槽底面に接するよう設置すること．
1 台の泳動槽に 2 組のゲル板を設置すること．</u>

(34) クリップ 2 個でゲル板と泳動槽を上部で固定する．
(35) 2 組のゲル板の間に，泳動バッファーを注ぎ入れる．
(36) コームをゆっくりと真上に引き抜く．
(37) マイクロピペッター（P200）にチップをつける．
(38) 泳動槽上部の泳動バッファーをマイクロピペッターで適量取り，各ウェルに注入して，ウェル中の不純物を取り除く．
(39) サンプル液①，サンプル液②，サンプル液③，サンプル液④，分子量マーカーがそれぞれ入ったチューブ（計 5 本）を教員から受け取る．
(40) マイクロピペッター（P20）を用いて，サンプル液①，サンプル液②，サンプル液③，サンプル液④をそれぞれ 20 μL 取り，図 2 に示したウェルにアプライする．
(41) マイクロピペッター（P20）を用いて，分子量マーカー 5 μL を取り，図 2 に示したウェルにアプライする．
(42) 全サンプルと分子量マーカーをアプライした後，パワーサプライの電源が切れていることを確認し，パワーサプライと泳動槽をケーブルで接続する．
(43) パワーサプライの電源を入れ，電圧を 120 V，電流を 400 mA，時間を 90 分に設定後，RUN/STOP ボタンを一度押し，泳動を開始する．
(44) 約 90 分後，青い色素の線が分離ゲルの下から約 5 mm の位置まで泳動されたら，パワーサプライの RUN/STOP ボタンを一度押し，泳動を止める．
(45) パワーサプライの電源を切り，ケーブルを外す．
(46) 泳動槽を流しに移動する．
(47) ゲル板を固定していたクリップをゆっくりと外す．
(48) ゲル板を泳動槽から取り出し，キムタオル上にガラス板 A を下にして置く．
(49) ゲル板の間にスパチュラを挿入し，ガラス板 B を取り除く．
(50) スパチュラで濃縮ゲルを取り除く．
(51) 分離ゲルの空きレーンを取り除く．
(52) 分離ゲルの左上を少しだけ斜めにカットする．

[3.6. ニトロセルロース膜への転写]

(53) プラスチック容器に転写バッファー（25 mM Tris, 192 mM glycine, 20%（v/v）メタノール，1%（w/v）SDS）を入れ，ろ紙 2 枚を 1 枚ずつ浸して湿らせる．
(54) 陽極電極板（図 3 A）に湿らせたろ紙 2 枚を 1 枚ずつ重ねて置く．
(55) ニトロセルロース膜を転写バッファーに浸して湿らせる．
(56) ニトロセルロース膜を分離ゲルの上に気泡が入らないように重ねる．
(57) ニトロセルロース膜を重ねた分離ゲルをガラス板 A ごと持ち上げ，手のひら側にニトロセルロース膜が向くように持つ．

3．ウェスタンブロット法によるタンパク質発現解析

(58) ガラス板 A と分離ゲルの間にスパチュラを入れ，ガラス板 A をはがす．ニトロセルロース膜を重ねた分離ゲルが手のひらに残る．
(59) 気泡が入らないように注意しながら，陽極電極板（図3A）に置いたろ紙の上に，ニトロセルロース膜が下，分離ゲルが上になるように重ねる．
(60) 分離ゲルの上に転写バッファーに浸したろ紙 2 枚を 1 枚ずつ重ねて置く．
(61) 適量の転写バッファーをろ紙の上にかける．
(62) 陰極電極板ハンドル（図3B）を持って，安全カバーと下部台を位置合わせのところで合わせて，安全カバーを下部台にはめる．安全カバーが下部台に隙間なく乗っていることを確認する（図3C）．
(63) 安全カバー内の陰極電極板がろ紙に触れるまで，両側の陰極電極板ハンドルを同時に降ろす．
　　※分離ゲルとニトロセルロース膜がずれるので，ろ紙に陰極電極板を密着させた後は，陰極電極板を再度引き上げないこと．
(64) 陽極と陰極を間違わないように注意しながら，ケーブルを本体に差し込む．
(65) パワーサプライの電源が切れていることを確認し，パワーサプライとブロッターをケーブルで接続する．
(66) パワーサプライの電源を入れ，電圧を最大，電流を 150 mA，時間を 30 分に設定後，パワーサプライの RUN/STOP ボタンを一度押し，転写を開始する．
(67) 30 分後，パワーサプライの RUN/STOP ボタンを一度押し，転写を止める．
(68) パワーサプライの電源を切り，ケーブルを外す．
(69) 陰極電極板ハンドルをゆっくりと上げながら，安全カバーを開ける．
ろ紙が陰極電極板に貼りついていることがあるので，注意すること．
(70) ピンセットを用いて，上部のろ紙 2 枚をはがす．
(71) ピンセットを用いて，ニトロセルロース膜と分離ゲルを重なった状態で持ち上げ，手のひら側にニトロセルロース膜が向くように持つ．
(72) 余分なニトロセルロース膜を分離ゲルに沿ってはさみでカットする．
(73) ニトロセルロース膜の左上を少しだけ斜めにカットする．

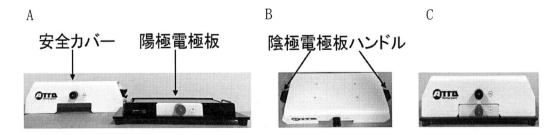

図3　ブロッターの構造

第1部　入門編

[3.7. ニトロセルロース膜のブロッキング]

(74) ニトロセルロース膜をブロッキング溶液（0.5%（w/v）スキムミルク，130 mM NaCl，27 mM KCl，80 mM $Na_2HPO_4 \cdot 12H_2O$，14 mM KH_2PO_4，0.2%（v/v）Tween 20）が入ったプラスチック容器に移し，完全に浸す．

(75) 班名を記載したカラーテープをプラスチック容器に貼り，冷蔵庫で保管する．

3日目

[3.8. 一次抗体の結合]

(76) 一次抗体溶液 0.5 μL が入ったマイクロチューブに，PBST（130 mM NaCl，27 mM KCl，80 mM $Na_2HPO_4 \cdot 12H_2O$，14 mM KH_2PO_4，0.2%（v/v）Tween 20）500 μL を加える．

(77) ピペッティングにて5回混合し，マイクロチューブを氷上で保管する．

(78) ピンセットを用いて，プラスチック容器からニトロセルロース膜を取り出し，気泡が入らないように注意しながら，広げたハイブリバッグの上に載せる．

(79) シーラーで2辺をシールする．

(80) PBST で希釈した一次抗体溶液をハイブリバッグに入れる．

(81) 気泡が入らないように注意しながら，ニトロセルロース膜を完全に一次抗体溶液に浸し，シーラーで残り1辺をシールする．

(82) ハイブリバッグに班名を記載し，冷蔵庫で保管する．

4日目

[3.9. 二次抗体の結合]

(83) ニトロセルロース膜を保管してあるハイブリバッグを冷蔵庫から持ち帰る．

(84) プラスチック容器に PBST を入れる．

(85) ピンセットを用いて，ハイブリバッグからニトロセルロース膜を取り出し，PBST の入ったプラスチック容器に移す．

(86) 室温で5分間，振盪させてニトロセルロース膜を洗浄する．

(87) PBST を捨て，新しい PBST を加える．

(88) 操作(86)〜(87)を計3回行う．計15分間ニトロセルロース膜を洗浄することになる．

(89) 二次抗体溶液 0.5 μL が入ったマイクロチューブに，PBST 500 μL を加える．

(90) ピペッティングにて10回混合する．

(91) ピンセットを用いて，プラスチック容器から洗浄したニトロセルロース膜を取り出し，気泡が入らないように注意しながら，広げたハイブリバッグの上に載せる．

(92) シーラーで2辺をシールする．

(93) PBST で希釈した二次抗体溶液をハイブリバッグに入れる．

(94) 気泡が入らないように注意しながら，ニトロセルロース膜を完全に二次抗体溶液に浸し，シーラーで残り1辺をシールする．

(95) 室温で40分間，静置する．

[3.10. 化学発光]
(96) プラスチック容器に PBST を入れる．
(97) ピンセットを用いて，ハイブリバッグからニトロセルロース膜を取り出し，PBST の入ったプラスチック容器に移す．
(98) 室温で 5 分間，振盪させてニトロセルロース膜を洗浄する．
(99) PBST を捨て，新しい PBST を加える．
(100) 操作(98)〜(99)を計 3 回行う．計 15 分間ニトロセルロース膜を洗浄することになる．
(101) ニトロセルロース膜の入ったプラスチック容器，マイクロピペッター（P1000），ピンセットを持って，高感度ケミルミネッセンス撮影装置（Ez-Capture MG，ATTO）が設置されている場所に移動する．
(102) 化学発光試薬 A 液 300 μL に，化学発光試薬 B 液 300 μL を加え，ピペッティングにてよく混合する．
(103) 実験台の上に，極力しわがないように，ラップフィルムを広げ，その上に，ブロット面が上になるようにニトロセルロース膜を置く．
(104) マイクロピペッター（P1000）を用いて，化学発光試薬混合液全量（600 μL）を取り，ニトロセルロース膜に偏りなくかける．
(105) 室温で 2 分間，反応させる．
(106) ピンセットを用いて，ニトロセルロース膜をつまみあげ，化学発光試薬を除去する．
(107) ニトロセルロース膜をラップフィルムに挟む．
(108) ニトロセルロース膜を高感度ケミルミネッセンス撮影装置のキャビネット内に入れ，位置をモニターで確認する．
(109) 扉を閉め，暗箱状態にする．
(110) 感度を Normal にして 1 分間撮影する．
(111) 得られた画像を USB フラッシュメモリーに保存し，各自のパソコンで解析を行う．

4．タンパク質のX線結晶構造解析の基礎： 精製，結晶化および構造観察

【1．実験スケジュール】

1日目：実験1 操作(1)～(9)，実験2 操作(1)～(5)
2日目：実験1 操作(10)，実験2 操作(6)，実験3

【2．事前の注意事項】

- 安全に留意して実験を行う．白衣・保護メガネおよび保護手袋を着用すること．
- ピペットチップは回収する．ゴミ箱などに廃棄してはならない．

【3．実験の背景・原理・目的】

本実験課題を通して，以下に示したタンパク質X線結晶構造解析の流れを理解する．実験は下記スキームでアンダーラインの引いてある項目について行う．
目的タンパク質の大量調製 ⇒ 精製（実験1）⇒ 結晶化（実験2）⇒
回折X線測定（希望者見学）⇒ 解析（構造生物学で講義）⇒ 構造観察（実験3）

【4．実験方法】

1日目
実験1　タンパク質の精製

陰イオン交換樹脂（DEAE sephasel）を使用してタンパク質混合液から2種のタンパク質の分離精製を行い（図1），SDS-PAGEにより精製度を検証する．

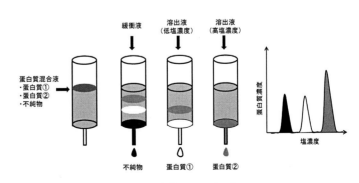

図1　イオン交換クロマトグラフィー

[4.1.1. 材料・試薬・器具]

試薬
- タンパク質混合液：
  - 8 mg/mL Myoglobin（17.6 kDa）
  - 17 mg/mL Trypsin Inhibitor（20 kDa）
  - その他，高分子量の不純物が含まれる
- カラム平衡化緩衝液［A0］：20 mM トリス塩酸緩衝液 pH 8.0
- 溶出液［A1］：100 mM 塩化ナトリウムを含む 20 mM トリス塩酸緩衝液 pH 8.0
  溶出液［A2］：200 mM 塩化ナトリウムを含む 20 mM トリス塩酸緩衝液 pH 8.0
  溶出液［A3］：300 mM 塩化ナトリウムを含む 20 mM トリス塩酸緩衝液 pH 8.0
  溶出液［A4］：400 mM 塩化ナトリウムを含む 20 mM トリス塩酸緩衝液 pH 8.0
- 弱陰イオン交換樹脂：DEAE Sephacel（ミリQ水に懸濁）
  注：トリス／tris(hydroxymethyl)aminomethane $H_2NC(CH_2OH)_3$，DEAE／$-N^+H(C_2H_5)_2$
- 13% アクリルアミドゲル
- 電気泳動用サンプル処理液，ミリQ水，電気泳動用緩衝液，染色液
- 分子量マーカー（以下の6種類のタンパク質を含む）

フォスフォリラーゼb	97.2 kDa
血清アルブミン	66.4 kDa
オボアルブミン	45.0 kDa
カルボニックアンヒドラーゼ	29.0 kDa
トリプシンインヒビター	20.1 kDa
リゾチーム	14.3 kDa

機器・器具
- スタンド，空カラム，シリコンチューブ，クリップ，マイクロピペッター（1000 μL，200 μL，20 μL），試験管9本，ビーカー，マイクロチューブ，ハサミ，ビニールテープ
- 電気泳動槽，電気泳動ゲル板，染色用パッド，シェイカー

[4.1.2. 操作]

(1) カラムの作製（空カラムへの樹脂の充填）
- カラムを鉛直にセットし，下部にシリコンチューブを取り付ける．
- シリコンチューブをクリップで留め，カラムに約8 mLのミリQ水を入れる（図2）．
- 2 mLの陰イオン交換樹脂（DEAE Sephacel）をよく懸濁し，全量をカラムに注ぐ．容器に残っている樹脂を，ミリQ水で懸濁してカラムに注ぐ．樹脂が沈むまで静置する（図3）．
- 下のクリップを外してミリQ水を流し出す．樹脂の上に少しだけ水を残して，一旦クリップで止め，さらにミリQ水を1 mLずつ静かに加える（10 mLまで）．クリップを外してミリQ水を流し出す．この操作を2回行う．下部をクリップで留め，樹脂の上端部ギリギリまでミリQ水に浸った状態にする．ただし，樹脂を決して乾かしてはならない．

4．タンパク質のX線結晶構造解析の基礎：精製，結晶化および構造観察

図2

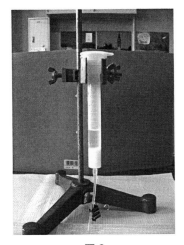
図3

(2) カラムの平衡化
- マイクロピペッターでカラム平衡化緩衝液［A0］を10 mL入れる．
  注意：器壁上部の広がった部分にチップの先端を付けるようにしてゆっくりと回し入れる．勢いよく入れて充填剤を舞い上がらないように，特に入れ始めは慎重に操作すること．
- 下部のクリップを外し，カラム平衡化緩衝液［A0］を流し出す．さらにカラム平衡化緩衝液［A0］を10 mL入れて流しだす．樹脂の上から約2 mm程度の位置まで液を残し，再びクリップで下部を留める．

(3) タンパク質混合液の樹脂への添加
- マイクロピペッターを用いてタンパク質混合液300 μL（10 μL残るはず）を，樹脂の上に静かに添加する．
  注意：タンパク質試料を均一に添加することが重要であり，液面すれすれの位置で器壁にチップの先端を付け，器壁に沿って回転させながら，ゆっくりとタンパク質混合液を添加する．電気泳動用に10 μLほど余る．
- 下部のクリップを外し，樹脂内の液を少しだけ流し出し，再びクリップで下部を留める．
- マイクロピペッターを用いてカラム平衡化緩衝液［A0］を300 μL添加し，下部のクリップを外して添加量と同程度の量の液を流し出す．その後，クリップで下部を留める．この操作により混合液に含まれる2種のタンパク質試料（MyoglobinとTrypsin Inhibitor）を陰イオン交換樹脂に吸着させる（10分間静置）．

(4) カラムの洗浄（未吸着タンパク質の洗浄）
- マイクロピペッターでカラム平衡化緩衝液［A0］を10 mL入れる．
  注意！器壁上部の広がった部分にチップの先端を付けるようにしてゆっくりと回し入れる．勢いよく入れて充填剤を舞い上がらないように，特に入れ始めは慎重に操作すること．
- 下部のクリップを外し，カラム平衡化緩衝液［A0］を流し，念のため試験管に集める．樹脂の上から約2 mm程度の位置まで液を残し，再びクリップで下部を留める．

(5) タンパク質の溶離（試験管にテープを貼り，ラベリングするとよい）
- マイクロピペッターで溶出液［A1］6 mL をカラムに添加する．下部のクリップを外し，2 本の試験管に溶出液を各 3 mL 分取する．
- 同様の操作を，溶出液［A2］，溶出液［A3］，溶出液［A4］につき行う．即ち，溶出液［A2］，溶出液［A3］，溶出液［A4］各 6 mL を順番にカラムに添加し，溶出液を各 3 mL ずつ分取する．計 8 本に集められた溶出液をフラクション No. 1 〜 No. 8 とする．

(6) SDS-PAGE のためのサンプル処理
- 精製前の残りのタンパク質混合液 1 μL （+ ミリ Q 水 14 μL），および No. 1 〜 No. 8 の各フラクションから 15 μL 量り取り，マイクロチューブに入れる（合計 9 本）．これらに電気泳動用サンプル処理液を 5 μL 入れ，スピンダウンした後，5 分間煮沸する．

(7) 電気泳動槽のセット（セット済）
- 下部に電気泳動用緩衝液を 3 分の 1 程度入れる．
- ゲル板 2 枚を上部にクリップで固定する．ガラス板の短いほうを内側に向ける．
- ゲル板の下に気泡が入らないように下部にセットする．
- 上部に電気泳動用緩衝液を入れる．内側のウェルは溶液で満たすこと．

(8) サンプルの添付
- 分子量マーカー溶液 5 μL と，操作 6 で調製したサンプル全量（20 μL）をゲル板のウェルにそれぞれ添付する．隣のウェルに混入しないように注意深く操作すること．

(9) 電気泳動
- 電気泳動槽に電源をつなぎ電気泳動する．このときプラスとマイナスを間違わないように注意すること．（電流：50 mA/ ゲル 1 枚，時間：1 〜 2 時間）

(10) ゲルの染色
- ゲル板を電気泳動槽からはずす．
- ゲル板のガラス板をはずして，ゲルをミリ Q 水入りのパッドに移す．
- ゲルをミリ Q 水で数回すすぐ．
- ミリ Q 水をよく切って，染色液を入れる．約 10 分シェイカーで振とうする．
- 染色液は回収．ミリ Q 水で余分な染色液を洗う．
- 電気泳動のバンドをスケッチあるいは写真をとる．

実験 2：タンパク質の結晶化

卵白由来リゾチームを使用してタンパク質結晶化実験の基礎を学ぶ．

[4.2.1. 材料・試薬・器具]

<u>試薬</u>
- 卵白由来リゾチーム溶液：50 mg/mL Lysozyme（15 kDa）
- 1 M　酢酸ナトリウム緩衝液 pH 4.0
- 1 M　酢酸ナトリウム緩衝液 pH 5.0

4．タンパク質のX線結晶構造解析の基礎：精製，結晶化および構造観察

- 1 M　MES 緩衝液 pH 6.0
- 1 M　HEPES 緩衝液 pH 7.0
- 1 M　Tris-HCl 緩衝液 pH 8.0
- 10%(w/v) 塩化ナトリウム水溶液

注：MES: 2-(N-morpholino)ethanesulfonic acid
　　HEPES: N-(2-hydroxyethyl)-piperazine-N'-2-ethanesulfonic acid

機器・器具
- マイクロピペッター（1000 μL, 200 μL, 10 μL），シッティングドロップ用プレート，カバーシール，マイクロチューブ，油性マジック

[4.2.2. 操作]
(1) 20 種類の沈澱剤溶液（リザーバー）を各 1 mL ずつ調製する（下表参照）．4 種類の NaCl 濃度（3%, 4%, 5%, 6%）× 5 種類の 0.1 M Buffer（pH 4.0, pH 5.0, pH 6.0, pH 7.0, pH 8.0）の沈殿剤溶液を試薬として準備された高濃度溶液を使って希釈調製する．よく攪拌すること．各溶液の秤取する量を計算し，下の表に記入しなさい．

No.	NaCl 濃度	10%(w/v) NaCl	1 M　Buffer	ミリQ水
1	3%(w/v)			
2	4%(w/v)			
3	5%(w/v)			
4	6%(w/v)			

(2) シッティングドロップ用プレートの各ウェルに沈澱剤溶液 1 mL を入れる．
(3) プレートの各ウェルの上部の窪みにリゾチーム溶液を 1 μL 入れ，そこに沈澱剤溶液を 1 μL 加えてドロップを作る（図 4）．
(4) カバーシールをウェルに貼り付け密封する．

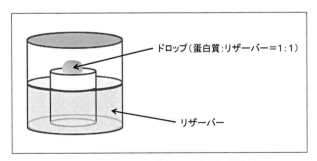

図 4　シッティングドロップ蒸気拡散法

(5) プレートに各班の名前を書き 20℃に温度制御されたインキュベータ内に 2 日目まで静置する．
(6) リゾチームの結晶化実験の結果を実体顕微鏡下で観察し，結晶の形，個数，大きさなどを表 1 に記録する．結晶化への pH 依存性，NaCl 濃度依存性を調べる．

第1部　入門編

表1　結晶化実験結果

緩衝液のpH＼NaCl濃度	4.0	5.0	6.0	7.0	8.0
3% (w/v)					
4% (w/v)					
5% (w/v)					
6% (w/v)					

[実験3：タンパク質の構造観察]
　構造解析の原理，方法については構造生物学等の講義で詳しく解説する．実験3ではエラスターゼ（セリンプロテアーゼ）の構造の観察法について学ぶ．

[4.3.1. 材料・試薬・器具]
・ノートパソコン，タンパク質構造表示ソフト ViewerLite（図5）

[4.3.2. 操作]
(1) エラスターゼ分子の表示
・デスクトップ上の elastase.pdb を ViewerLite のアイコンにドラッグして構造を表示する．メニューバーから Window/New Hierarchy window を選び，Hierarchy window を開いておく．View/display style を選ぶと新しい window が表示される．Protein/solid ribbon を選んでリボンモデルを表示する．
(2) 下に示した ViewerLite の使い方を参照しながら次の事柄を調べる．
　① エラスターゼの構造には α-helix と β-strand が何か所見られるか．
　② エラスターゼの酵素活性に必須となる3残基（Ser, His, Asp）（ヴォート基礎生化学（第4版）11. 酵素触媒，セリンプロテアーゼの項参照）を見つけて赤色で表示する．これら3残基の水素結合を図示する（画像を保存してレポートに使用する）．ヒント：分子表面を表示して分子全体を眺めると溝のような構造が観測できる．その溝の中央に，これら3残基は空間的に近接して存在する．

＜ViewerLite の使い方＞
・ソフトの起動方法
　構造ファイル（○○○.pdb）を ViewerLite のアイコンにドラッグする．

4. タンパク質のX線結晶構造解析の基礎：精製，結晶化および構造観察

- 動かし方，拡大縮小
  window 左の回転，並進，拡大マークをクリックした後，左ボタンを押しながらマウスを動かすとそれぞれ機能する．
- 表示の変更
  window 上の赤白のマークをクリックすると表示変更パレットが出てくる．
- 色の変更
  変更したいアミノ酸を選択（任意の原子をダブルクリック）してハイライトし，表示変更パレット上で変更する．
- ファイル保存（イメージ）
  ウインドウに表示されているイメージを jpg 形式で保存する．File/save as でファイルの種類に jpg を選び，任意のファイル名をつけて保存する．

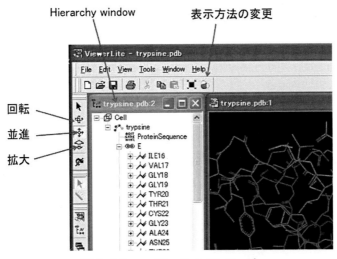

図5　Viewer Lite のメインページ

【5．レポートおよび課題】

次に示す事柄を必ず含めてレポートを作成すること．
(1) 実験1の電気泳動ゲルのバンドをスケッチし（写真可），実験結果を考察しなさい．
(2) 実験2の結果を表1のように纏める．X線結晶構造解析に最も適切な結晶を与えた条件はどれか述べなさい．また，その条件を最適と考えた理由を述べなさい．
(3) 実験3で調べた構造知見について図示して説明しなさい．

5．抗体への蛍光標識と細胞受容体の可視化

【1．実験スケジュール】

1日目：実習内容に関する基礎講義，および実習内容の説明を行う．実習は，限外ろ過を用いた抗EGFR抗体の濃縮．
2日目：セツキシマブへのFITC結合反応・ゲルろ過カラムを用いた未反応FITCの除去・限外ろ過を用いたFITC結合セツキシマブの濃縮．

【2．事前の注意事項】

　実験は常に危険を伴うものと考え，白衣や保護メガネ等を必ず着用して自分の身を守ること．時計や指輪等のアクセサリーは，実習中において着用しないこと（試薬等の付着での危険性，実験操作への影響のため）．
　飲食は厳禁．実験に関係ない書物等を持ち込んで使用したり，雑談したりしないこと．
　実習前に，本テキストの「実習基礎資料」を読んで理解に努めること．

【3．実験の背景・原理・目的】

[3.1. 実験背景と目的]

　本実習では，医薬品としても使用されている上皮成長因子受容体（EGFR）抗体を用いて，その抗体への蛍光標識・精製・濃縮技術，および蛍光標識した抗体を用いた細胞染色技術の取得を目指す．

[3.2. 実習内容と原理]

　現在，医学基礎研究や臨床において，抗体を用いた受容体発現の検出・可視化（診断），および治療が行われており，特に蛍光分子を用いた抗体の可視化技術は「目的の抗体の動き（細胞レベル・生体レベル）の直接的な分子検出技術」として有用性が高い．本実習では，がん細胞の形質膜に強く発現する上皮成長因子受容体に特異的に結合する抗体を用い，フルオレセインイソチオシアナート（FITC）での抗体アミノ基を介した蛍光標識と，限外ろ過を用いた未反応FITCの除去，および蛍光標識抗体の濃縮を実習1，2日目に行う．実習3日目には，実

第 1 部　入門編

際に蛍光標識抗体を用いて，EGFR を高発現するがん細胞（A431 細胞，ヒト類表皮がん）と，EGFR をほとんど発現していない CHO-K1 細胞（チャイニーズハムスター 卵巣細胞）を染色し，共焦点レーザー顕微鏡を用いた EGFR の可視化を行う．

【4．実験方法】

1 日目
【4.1. 実習講義および限外ろ過を用いた抗 EGFR 抗体の濃縮】

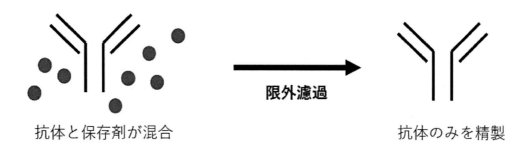

抗 EGFR 抗体（セツキシマブ）精製

[4.1.1. 操作]
(1) 抗 EGFR 抗体 100 µL（1 µg/µL）を限外ろ過（分子量 10 万カット）スピンカラムに入れる．
(2) 10,000g（g（遠心力）= 1118 x R（半径 cm）x N^2 x 10^{-8}）（N = rotation per min: rpm 回転数）10 分，4℃．
(3) PBS（リン酸緩衝生理食塩水 phosphate buffered saline）400 µL を限外ろ過スピンカラムに入れる．
(4) 10,000 g, 10 分，4℃（抗体の洗浄・濃縮）．
(5) PBS 400 µL を限外ろ過スピンカラムに入れる．
(6) 10,000 g, 10 分，4℃（抗体の洗浄・濃縮）．
(7) 10,000 g, 10 分，4℃（スピンカラムフィルターを逆さまにして，濃縮された抗体を回収）．
(8) 1.5 mL チューブに抗体を移す．
(9) 回収サンプルが 60 µL になるように PBS を加えて，その後，ピペットで正確に量を測定する．
(10) BCA（ビシンコニン酸：bicinchoninic acid）アッセイで抗体濃度を決定する．

2 日目
【4.2. FITC 蛍光標識】
　セツキシマブへの FITC 結合反応，限外ろ過を用いた未反応 FITC の除去，および FITC 結合セツキシマブの濃縮

EGFR抗体への蛍光標識

[4.2.1. 操作]
(1) 抗体の濃度計算（分子量 152,000 を用いて計算）．
(2) FITC（分子量 389.4）3 当量，N-メチルモルフォリン（分子量 101.2）3 当量，総量 120 µL になるように PBS を加える．

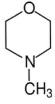

(3) 30 分，37℃で反応（静置反応）．
(4) 反応液 120 µL を限外ろ過（分子量 10 万カット）スピンカラムに入れる．
(5) 10,000 g，10 分，4℃．
(6) PBS 400 µL を限外ろ過スピンカラムに入れる．
(7) 10,000 g，10 分，4℃（抗体の洗浄）．
(8) PBS 400 µL を限外ろ過（分子量 10 万カット）スピンカラムに入れる．
(9) 10,000 g，10 分，4℃（抗体の洗浄）．
(10) 10,000 g，10 分，4℃（スピンカラムフィルターを逆さまにして，濃縮された抗体を回収）．
(11) 1.5 mL マイクロチューブに抗体を移す．
(12) 回収サンプルが 60 µL になるように PBS を加えて，その後，ピペットで正確に量を測定する．
(13) BCA アッセイで濃度決定する．

3日目
【4.3. FITC 標識抗体を用いた細胞染色】
　A431 細胞（EGFR 高発現），および CHO-K1 細胞（EGFR をほとんど発現していない）を比較する．

[4.3.1. 操作]
(1) ガラスベースディッシュでの培養細胞（A431 細胞，CHO-K1 細胞）を準備する．
(2) F-12 細胞培養液 100 µL で 2 回細胞洗浄する（細胞培養液：Ham's F-12 Nutrient Mix）．
(3) 100 µL の F-12 細胞培養液を入れて，4℃，15 分間で培養する．

第1部　入門編

(4) FITC標識抗体（50 μg/well, 100 μL）になるようにF-12細胞培養液を用いて1.5 mLのチューブに調製する（2日目の実習で，FITC標識抗体のBCAアッセイの結果から濃度を決める）．
(5) 細胞培養液を取り除き，FITC標識抗体含有の細胞培養液（100 μL）で細胞を培養する（4℃，20分間）．
(6) 細胞培養液を取り除き，F-12細胞培養液100 μLで2回細胞洗浄する．
(7) 100 μLのF-12細胞培養液を入れて，共焦点レーザー顕微鏡で観察する．

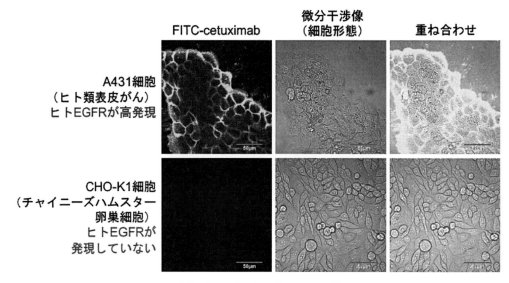

共焦点レーザー顕微鏡での観察例

【5．レポートおよび課題】

　実験プロトコールや原理，実験結果，考察等をレポートとして提出する．（レポート内容に関しては，実習講義中に詳細を説明する．）

実習基礎資料

【1．抗原抗体反応の基礎】

[1.1. 抗原抗体反応]
　生体内に侵入した病原体などの異物を認識して排除しようとする生体防御機構（免疫反応）．
　抗体（免疫グロブリン）は，病原体等がもつ抗原（タンパク質，糖鎖，脂質など）を認識して結合し，病原体を攻撃するための起点となる．
　抗体は，リンパ球の一種であるB細胞によって産生される．体内には異なる抗体を作りだす数百万〜数億種類に及ぶB細胞が存在し，様々な抗原に対応する．

↓↓↓
抗体の特異性と多様性を利用して，特定のタンパク質を検出するための分子生物学的手法が開発されてきた．

[1.2. 抗体の基本構造]

抗体はいくつかの種類に分類されるが，すべて基本構造は同じで，軽鎖（L鎖）・重鎖（H鎖）の2つのポリペプチド鎖が2本ずつからなるY字型である．

Y字の上半分V字部分がFab領域（Fragment, antigen binding），下半分がFc領域（Fragment, crystallizable）とよばれ，2つのFab領域の先端の部分で抗原と結合する．

Fab領域の先端部分には，抗体ごとにアミノ酸配列が異なる可変領域（V鎖域）があり，抗原と特異的に結合する．

V領域以外のFab領域とFc領域は，比較的に変化が少なく，定常領域（C領域）とよばれる．

Fc領域は，抗体のエフェクター機能（免疫を活性化させて病原体等の異物を排除する機能）に重要で，病原体等の異物は，この領域を介してマクロファージなどに貪食されたり，補体系というタンパク質群で破壊されたりする．

免疫染色に抗体を利用する時もFc領域は有用で，この部分に標識化合物を結合させて標識を行い，二次抗体は一次抗体のFc領域を抗原として作製される．

【2．上皮成長因子受容体の基礎】

上皮成長因子受容体（epidermal growth factor receptor, EGFR）は形質膜に発現する細胞受容体（1回膜貫通タンパク質）で，EGF等のリガンド分子が結合することで受容体が二量体を形成し，細胞質側のキナーゼドメインによる自己リン酸化反応によって受容体が活性化する．その結果，細胞の分化や増殖，生死などに関わる各種シグナル伝達が誘導される．EGFRはがん細胞において高い発現が見られることが多く，またEGFRの変異体発現によって，がんの悪性化へ進展する場合も認められている．よって，EGFRを特異的に認識する抗体を用いたがん診断や治療が，医学基礎研究や臨床において盛んに行われている．

本実習では，EGFRに特異的に結合する抗体を用いて，がん細胞のEGFR発現を可視化する．

【3．FITC蛍光標識】

フルオレセインイソチオシアナート
（Fluorescein isothiocyanate, FITC）

FITCは，黄橙色の蛍光を呈し，495 nmに吸収極大を，励起すると525 nmに黄緑色の最大発光を示す．

イソチオシアネート基は，タンパク質のア

ミノ末端および第一級アミンと反応する．抗体やレクチンなどタンパク質の標識に使用されている．

【4．限外ろ過】

限外ろ過は，約 1～1,000 kDa の分子の分画または濃縮に用いられる．ろ過膜上には，ある程度大きいタンパク質は保持されるが，塩や水は膜を通り抜けるため，タンパク質の濃縮などに有効である（ただし，分子量の小さいタンパク質は通り抜ける）．高分子物質の回収と低分子物質の回収，どちらの目的にも用いることができる．

6．糖の定性と定量

【1．実験スケジュール】

1日目：呈色反応による糖の定性
2日目：フェノール硫酸法による糖の定量

【2．事前の注意事項】

保護メガネ，白衣の着用
実験後は反応後の試薬を必ず指定された場所へ廃棄してから，試験管を洗浄して片付ける．

【3．実験の背景・原理・目的】

　糖は，タンパク質や核酸とならび生命活動において重要な役割を果たしている．糖は種々の形の構造を示し，それらは化学的，物理的に非常に異なった性質を有している．すべての糖の定性，定量分析に適した単一の分析方法はない．どの分析方法を選択するかは，必要とされる精度や利用できる手法を含む多くの要因によって決まる．この実習では，第1日目に，呈色反応による糖の定性分析を行う．糖質の定性反応では，単糖類や二糖類の多くがアルカリ性で金属塩を還元する性質があることを利用して検出する．糖質以外にも生体には，還元性の物質が存在するので，還元反応による定性試験で反応が陽性であったとしても，必ずしも糖類が存在するとは限らない．そのため多くの呈色反応を組み合わせて行われる．第2日目は，フェノール硫酸法による糖の定量を行う．糖の種類により，発色の強さに差があること，発色の強さと糖濃度との比例性を確かめる．さらに，糖の誘導体，アミノ酸，タンパク質，核酸塩基やヌクレオチド，DNAなど種々の生体物質について，発色する分子としない分子に分類する．

【4．実験方法】

1日目
【4.1. 呈色反応による糖の定性　〜単糖と二糖〜】
[4.1.1. ベネディクト反応　〜還元糖の検出〜]

第1部　入門編

[4.1.1.1. 試料・器具・試薬]

糖溶液（5 mL）：各1% 水溶液

　グルコース，ガラクトース，フルクトース，リボース，キシロース，スクロース，マルトース，未知試料，ブランク溶液

器具

　試験管，試験管立て，メスピペット（5 mL×4本），安全ピペッター，マイクロピペッター（P1000）およびチップ，ウォーターバス

試薬

　ベネディクト試薬：17.3% クエン酸ナトリウム（$Na_3(C_6H_5O_7)\cdot 2H_2O$），10% 炭酸ナトリウム（$Na_2CO_3$），1.73% 硫酸銅(II)（$CuSO_4$）

[4.1.1.2. 操作]

(1) 9本の試験管にベネディクト試薬をメスピペット（5 mL）で5 mLずつ入れる．
(2) それぞれの試験管に試料をマイクロピペッターで1 mLずつ加えてすぐ混合する．
(3) 沸騰湯浴中で2分間加熱し，加熱後，室温に放置して放冷する．
(4) それぞれの溶液の変化を観察する．

【4.1.2. オルシン-Fe^{3+}-塩酸法　～ペントースの検出～】

　試料および器具は4.1.1.と同じ

[4.1.2.1. 試薬]

　ビアル試薬：0.2% オルシン（5-メチルレソルシノール，$CH_3C_6H_3(OH)_2$），0.04% 塩化第二鉄（$FeCl_3\cdot 10H_2O$）・塩酸溶液

[4.1.2.2. 操作]

(1) 9本の試験管にビアル試薬をメスピペット（5 mL）で2 mLずつ入れる．
(2) それぞれの試験管に試料をマイクロピペッターで1 mLずつ加え，沸騰湯浴中で2分間加熱する．
(3) 室温に放置して放冷し，それぞれの溶液の変化を観察する．

【4.1.3. スカトール-塩酸法　～ヘキソースの検出～】

　試料および器具は4.1.1.と同じ

[4.1.3.1. 試薬]

　0.5% スカトール・アルコール溶液，濃塩酸

[4.1.3.2. 操作]
(1) 9本の試験管に試料をマイクロピペッターで1 mLずつ入れる．
(2) それぞれの試験管に濃塩酸をメスピペット（5 mL）で4 mLおよびスカトール溶液をマイクロピペッターで0.25 mL加えて混合する．
(3) それぞれの溶液の変化を観察する．

【4.1.4. レゾルシン-塩酸法　〜ケトースの検出〜】
　試料および器具は4.1.1.と同じ

[4.1.4.1. 試薬]
　セリワノフ試薬：0.1% レゾルシン，50% 塩酸

[4.1.4.2. 操作]
(1) 9本の試験管にセリワノフ試薬をメスピペット（5 mL）で3 mL入れる．
(2) それぞれの試験管に試料をマイクロピペッターで1 mLずつ加える．
(3) 沸騰湯浴中で1分間加熱し，加熱後，室温に放置して放冷する．
(4) それぞれの溶液の変化を観察する．

2日目
【4.2. フェノール硫酸法による糖の定量】
【4.2.1. 糖の種類による発色の強さの違いと濃度との比例性】
[4.2.1.1. 試料・器具]
糖溶液（5 mL）：各40 µg/mL 水溶液
　単糖：D-グルコース，D-キシロース
　多糖：可溶性デンプン
80% フェノール（3 mL）
濃硫酸
ガラス試験管［25本］と試験管立て
マイクロピペッター（P200とP1000），およびチップ
分光光度計用キュベット
グラフ用紙

[4.2.1.2. 操作]
(1) 1.6 mL H_2O を試験管にとり，ブランク溶液とする．
(2) グルコース（40 µg/mL）を希釈して，10 µg/mL, 20 µg/mL, 30 µg/mL 溶液を作成する．
　　（マイクロピペッター（P1000）を400 µLにあわせて測ればよい）
　　　10 µg/mL：0.4 mL グルコース原液 + 1.2 mL H_2O

第 1 部　入門編

　　　20 μg/mL：0.8 mL グルコース原液 + 0.8 mL H_2O
　　　30 μg/mL：1.2 mL グルコース原液 + 0.4 mL H_2O
　　　40 μg/mL：1.6 mL グルコース原液

(3) キシロース，可溶性デンプンについても，(2)と同様に，4段階の濃度の溶液を作成し，1.6 mL を試験管にとる（グルコースと合わせて，糖3種類 x 濃度4種類 =12 本とブランク1本）．
(4) 未知濃度のグルコース溶液 1.6 mL を試験管にとる（希釈しなくてよい）．合計 14 本になる．
(5) (1)～(4)の 1.6 mL 試料を入れた試験管に，マイクロピペッター（P200）で，80 μL 80% フェノールを加えて良く混合する．
(6) 分注器を使って，濃硫酸 4 mL を試験管内壁につけずに，液面に一気に注ぐ．直ちに試験管の<u>上部</u>を持って（<u>下部は熱くなるので触らない</u>），混合し，そのまま室温になるまで放置する．
(7) サンプルを気泡が生じないようにガラス製のセルに入れ，分光光度計で 490 nm の吸光度を測定する．サンプルの 490 nm の吸光度から，ブランクの吸光度を引いた値をサンプルの A_{490} とする．
(8) 3種類の糖の 0～40 μg/mL 溶液の測定結果から，横軸に糖濃度，縦軸に吸光度をとったグラフを描き，吸光度が糖濃度に比例していることを確認する．
(9) グルコースのグラフ（検量線）から，未知濃度のグルコース濃度を推定する．

【4.2.2. 種々の生体物質における発色】
　器具は実験 2.1 と同じ

[4.2.2.1. 試料]
糖誘導体溶液（2 mL）：40 μg/mL 水溶液
　マニトール，D-グルクロノラクトン，N-アセチル-D-グルコサミン
他の低分子溶液（2 mL）：40 μg/mL 水溶液
　トリプトファン，アデニン，ATP
他の高分子溶液（2 mL）
　ウシ血清アルブミン（BSA）：1 mg/mL 溶液
　卵アルブミン：1 mg/mL 溶液
　サケ精巣 DNA：200 μg/mL 溶液

[4.2.2.2. 操作]
(1) 1.6 mL H_2O を試験管にとり，ブランク溶液とする（1000 μL のマイクロピペッターを 800 μL にあわせて測ればよい）．
(2) 各試料溶液を 1.6 mL ずつ試験管にとる．

(3) マイクロピペッター（P200）で，(2)の試料に 80 μL 80% フェノールを加えて良く混合する．
(4) 分注器を使って，濃硫酸 4 mL を試験管内壁につけずに，液面に一気に注ぐ．直ちに試験管の**上部を持って（下部は熱くなるので触らない**），混合し，そのまま室温になるまで放置する．
(5) サンプルを気泡が生じないようにガラス製のセルに入れ，分光光度計で 490 nm の吸光度を測定する．サンプルの 490 nm の吸光度から，ブランクの吸光度を引いた値をサンプルの A_{490} とする．

【5．レポートおよび課題】

[実験 4.1. 呈色反応による糖の定性]
(1) 糖の種類と呈色反応の結果について表にまとめ，糖の構造との関係について考察する．
(2) 呈色反応の結果から，未知試料が何であるか推定する．

[実験 4.2.1 糖の種類による発色の強さの違いと濃度との比例性]
(1) 2種類の単糖および多糖（可溶性デンプン）の重量濃度（μg/mL）をモル濃度（mol/L）に換算する．多糖については，成分単糖あたりのモル濃度とする．
(2) 2種類の単糖および多糖（可溶性デンプン）について，ミリモル濃度を横軸に（0 mM を含める），A490 を縦軸にグラフを描き，490 nm におけるミリモル吸光係数（ε^{mM}_{490}）を計算する．計算過程も記述すること．
(3) グルコースの 0～40 μg/mL 溶液の測定結果から得られた検量線をもとに，未知濃度のグルコース溶液の重量濃度（μg/mL）とミリモル濃度（mmol/L）を推定する．

[実験 4.2.2. 種々の生体物質における発色]
(1) 各生体物質の重量濃度（μg/mL）をモル濃度（mol/L）に換算する．タンパク質については，分子量が BSA 68kD，卵アルブミン 45kD として，モル濃度を計算する．DNA については，ヌクレオチド残基の平均分子量 309 より，ヌクレオチド当たりのモル濃度を算出する．
(2) 発色した分子としなかった分子に分類し，その理由を考察する．
(3) 発色した分子について，それぞれのミリモル吸光係数（ε^{mM}_{490}）を計算する．計算過程も記述すること．
(4) BSA，卵アルブミンについて，糖タンパクか否か，糖タンパクの場合の糖含量（糖はすべてグルコースとみなし，タンパク質1分子あたりグルコースが何個ついているか）を考察する．

いずれの課題も計算を含む場合は，計算過程についても式を記して示すこと．

7．プラスミドの精製と培養細胞への遺伝子導入

【1．実験スケジュール】

1日目：プラスミドの精製と培養細胞への遺伝子導入
2日目：アクチン細胞骨格と核の染色
3日目：蛍光顕微鏡を用いた細胞の観察

【2．事前の注意事項】

白衣の着用

【3．実験の背景・原理・目的】

　ある遺伝子の機能を調べる場合，細胞に外部からその遺伝子，あるいはその遺伝子の機能を欠失させた変異体などを導入し，導入された遺伝子によって細胞にどのような変化が生じるかを解析する手法が，生物学の研究においてはよく利用される．今回の実習では，プラスミドの精製と培養細胞に遺伝子を導入する手法を習得するとともに，細胞レベルでの遺伝子の機能解析の一連の流れを理解することをめざす．具体的には，緑色蛍光タンパク質（Green fluorescence protein: GFP）をコードする遺伝子を哺乳動物に発現させるプラスミドを大腸菌から精製する．その後，精製されたプラスミドをヒト子宮頸がん由来のHeLa細胞に一過性に導入したのち，細胞を固定後，アクチン細胞骨格と核の染色を行う．染色した細胞は，蛍光顕微鏡を用いて観察を行う．

【4．実験方法】

[4.1. 材料・試薬・器具]
使用する細胞：HeLa細胞
培養液：DMEM（ダルベッコ変法イーグル培地）
　　　　＋10% FBS（ウシ胎仔血清）
細胞培養プレート：24 well 細胞培養プレート

カバーガラス：直径 13 mm　厚さ 0.12～0.17 mm
スライドガラス：76 x 26 x 1 mm
遺伝子導入試薬：Polyethylenimine (PEI) Max (Mw 40,000)
HBSS (Hanks' balanced salt solution)
アクチンフィラメント染色試薬：Alexa Fluor 594 phalloidin
核染色試薬：Hoechst33258
4% paraformaldehyde (PFA)/PBS (Phosphate buffered saline)
0.2% Triton X-100/PBS
10% FBS/PBS
封入剤：p-phenylenediamine dihydrochloride を 90% glycerol/PBS で 0.1% に希釈
使用するプラスミド：pEGFP-C3
使用する大腸菌：DH5α
プラスミドの精製：Plasmid Miniprep Kit

1日目
【4.2. プラスミドの精製】

　プラスミドの精製には，シリカメンブレンを備えたスピンカラムを用いる．水溶液中では，核酸のリン酸基が水分子と水素結合している．ところが，高塩濃度の水溶液中では水分子が塩に結合するため，核酸は水分子の代わりにシリカメンブレンの-OH 基と水素結合を作る．この性質を利用して，大腸菌の懸濁液からプラスミドの精製を行う．

[4.2.1. 操作]

(1) マイクロチューブに入った pEGFP-C3 プラスミドを導入した大腸菌に，懸濁溶液を 200 μL 加え，大腸菌を均一になるように懸濁させる．

(2) (1)の懸濁液に細胞溶解液を 200 μL 加え，マイクロチューブをゆっくりと 4, 5 回反転させながら混ぜる．

(3) (2)の液に中和溶液を 350 μL 加え，マイクロチューブを 4, 5 回反転させながら混ぜる．

(4) マイクロチューブを遠心機にセットし，15,000 rpm で 5 分間，遠心分離を行う．

(5) 遠心分離の間に，プラスミドを集めるカラムを 2 mL チューブにセットし，カラム調整液を 500 μL 加えた後，15,000 rpm で 30 秒，遠心分離を行う．

(6) カラムの下のマイクロチューブに残った液を除き，(4)の遠心後の上清をカラムに移して，15,000 rpm で 30 秒，遠心分離を行う．

(7) カラムの下のマイクロチューブに残った液を除き，カラムに洗浄液-1 を 500 μL 加えて 15,000 rpm で 30 秒，遠心分離を行う．

(8) カラムの下のマイクロチューブに残った液を除き，カラムに洗浄液-2 を 750 μL 加えて 15,000 rpm で 30 秒，遠心分離を行う．

(9) カラムの下のマイクロチューブに残った液を除き，さらに 15,000 rpm で 2 分間，遠心分

離を行う．
(10) カラムを新しいマイクロチューブの上に移し，滅菌水を 100 μL 加える．
(11) 1 分間ほど静置したのち，15,000 rpm で 1 分間，遠心分離を行う．
(12) (11)で得られたプラスミド溶液 10 μL を滅菌水 90 μL に希釈し，分光光度計で波長 260 nm の吸光度を測定する．
(13) 二本鎖 DNA の濃度は，260 nm の吸光度の値（OD260）× 50（単位は ng/μL）で計算できることから，希釈倍率を考慮に入れて得られたプラスミドの濃度を算出する．

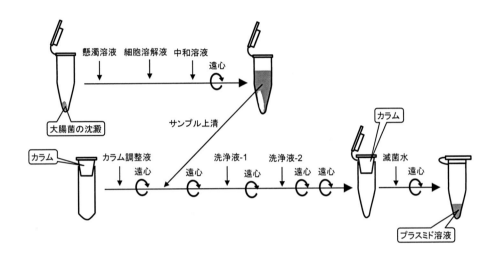

【4.3. 培養細胞への遺伝子導入】

　今回の実習で培養細胞への遺伝子導入に用いるリポフェクション法は，他の方法と比べて簡単かつ安価に行うことができ，さらにウイルスベクターのような感染の心配が少ないため，現在でも多くの研究室で利用されている．リポフェクション法では，陽イオン性脂質の二重層で構成された球形の小胞（リポソーム）内に負の電荷を持つ DNA を含んだ複合体を形成させ，エンドサイトーシスによって細胞表面からリポソームを細胞内に取り込まれませることで，細胞内に DNA を導入する．細胞膜は DNA と同じ負に帯電しているため，陽イオン性のリポソームがない状態では DNA はほとんど細胞内に入らない．

[4.3.1. 操作]
(1) マイクロチューブに 50 μL の HBSS を加え，そこに pEGFP-C3 プラスミドを 0.1 μg あるいは 0.5 μg となるように加える．
(2) PEI（2 mg/mL）を各チューブにそれぞれ 1 μL 加えて vortex する．
(3) 室温にて 15 分間以上放置する．
(4) (3)の混合液を，HeLa 細胞の培地中に加え，よく混ぜる．
(5) 37°C のインキュベーターで一晩，放置する．

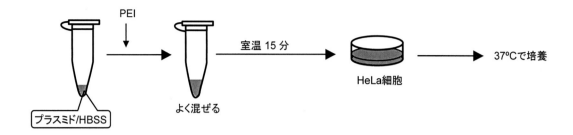

2日目
【4.4. アクチン細胞骨格と核の染色】
　GFPは，緑色蛍光タンパク質（Green Fluorescent Protein）の略で，オワンクラゲ（*Aequorea victoria*）由来のタンパク質である．今回，HeLa細胞に導入したpEGFP-C3は，GFPの改良型のタンパク質EGFP（野生型GFPよりも蛍光強度の強い安定した光を発する）を発現させるプラスミドで，EGFPは波長488 nmの光を当てると波長509 nmの緑色の蛍光を発する．一方，アクチン細胞骨格は重合したアクチンに特異的に結合するタマゴテングダケ由来のファロイジンに赤い蛍光タンパク質を結合させた試薬（Alexa Fluor 594 phalloidin）を用いて観察することができる．さらに，全細胞当たりどれくらいの割合の細胞にEGFPの遺伝子が導入されたか（遺伝子導入効率）を算出する目的で，DNAに結合する蛍光色素Hoechst33258を用いて核を染色する．

[4.4.1. 操作]
(1) HeLa細胞の培地を除き，400 µLの4% paraformaldehyde/PBSを加えて室温で15分間放置する．
(2) paraformaldehyde/PBSを取り除き，400 µLのPBSで3回洗浄後，300 µLの0.2% Triton X-100/PBSを加えて室温で10分間放置する．
(3) Triton X-100/PBSを取り除き，300 µLの10% FBS/PBSを加えて室温で30分間放置する．
(4) 細胞が接着しているカバーガラスを24 well細胞培養プレートのふたの上に移し，Alexa Fluor 594 phalloidinとHoechst33258の希釈液を30 µLカバーグラス上にのせ，室温で30分間放置する．
(5) ふたの上においたカバーガラスをPBSで浸し，室温で10分間放置する．
(6) スライドガラス上に封入剤を1滴落とし，その上に細胞が接着している面を下向きにしてカバーガラスをのせる．
(7) 余分な封入剤を拭き取った後，カバーガラスをマニキュアで固定する．

7．プラスミドの精製と培養細胞への遺伝子導入

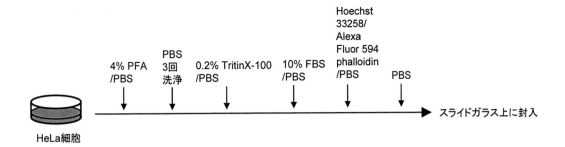

3日目
【4.5. 蛍光顕微鏡を用いた細胞の観察】

蛍光顕微鏡を用いて，発現させたGFPとAlexa Fluor 594 phalloidinが結合したアクチンフィラメント，および核の観察を行う．

- Hoechst33258　最大励起波長 350 nm　最大蛍光波長 461 nm
- EGFP　最大励起波長 488 nm　最大蛍光波長 507 nm
- Alexa Fluor 594 phalloidin　最大励起波長 581 nm　最大蛍光波長 609 nm

8．大腸菌のDNA修復 ―微生物遺伝学実験―

【1．実験スケジュール】

1日目：実習の生物学的背景（DNA損傷・修復機構，変異原，SOS修復などについて）
　　　　課題Aの終夜培養開始までを実施する．課題Bの終夜培養開始までを実施する．
2日目：課題Cを実施する．振盪培養中の待ち時間に，実習課題A, Bの阻止帯およびコロニー計数を実施する．

【2．事前の注意事項】

予習は必須である．事前に実習書を熟読し，理解した上で実習に臨むこと．
変異原物質・発がん物質，紫外線を扱う．実験操作は教官の指示に従うこと．
実習全体を通じて無菌操作である．
無菌操作につきバーナーを使用する．火気の取扱には十分注意する．
長袖白衣，防護メガネ，定規（1 mmまで測れるもの），時計（秒の計れるもの）を持参すること．

【3．実験の背景・原理・目的】

[3.1. はじめに]
　各種DNA修復欠損大腸菌株を用いて，様々な変異原に対する感受性を評価することで，生物には様々なDNA修復機構が備わっていることを理解する．また様々な種類の変異原が存在することを理解する．そしてDNA損傷の種類に対応したDNA修復機構が働くことを理解する．実習を通して無菌操作法ならびに微生物培養手技を習得する．

[3.2. DNA損傷とDNA修復について]
・DNA損傷（DNA damage）
　DNA損傷とは，DNA分子が化学的に変化した異常DNA分子のことである．DNA損傷には，核酸塩基へのアルキル基付加や芳香族化合物など大きな分子の付加，隣接二塩基間の分子架橋，DNA二重鎖間の分子架橋，DNA鎖内の分子架橋，核酸塩基の酸化，DNA鎖の切

- DNA 修復（DNA repair）
 DNA 修復機構とは，損傷した DNA を正常 DNA に戻す生物がもつ機構のことである．大腸菌には，紫外線誘発 DNA 損傷の光回復機構，ヌクレオチド除去修復機構，塩基除去修復機構，組換え修復機構などがある．
- 突然変異（Mutation）
 DNA 修復が完了する前に DNA 複製が起こると，損傷箇所において正常な塩基対合の形成ができないため，誤った塩基が取り込まれることがある．塩基配列が変化することで，鋳型 DNA と娘 DNA が異なった塩基配列を持つことになる．これが突然変異である．
- 変異原（Mutagen）
 変異原とは，DNA 損傷を作る物質や，紫外線・放射線などの因子のことである．

[3.3. 変異原と DNA 損傷の種類]

　本実習で用いる紫外線は，DNA 隣接二塩基（ピリミジン）間に分子架橋を生じさせ，DNA 内にピリミジン二量体（ピリミジンダイマー）を作る．N-Methyl-N'-nitro-N-nitrosoguanidine（MNNG）は，DNA 塩基にメチル基を付加する．4-Nitroquinoline 1-oxide（4NQO）は芳香環を含む大きな分子であるが，直接 DNA 塩基に結合（付加）し，付加体を形成する．

- DNA 損傷と対応する DNA 修復
 一般に，DNA 損傷の種類が異なれば，働く DNA 修復機構も異なる．ピリミジンダイマーは光回復機構やヌクレオチド除去修復機構で効率よく修復され，組換え修復機構の対象になる．メチル化 DNA は塩基除去修復機構で効率よく修復される．4NQO 付加 DNA はヌクレオチド除去修復機構で効率よく修復され，組換え修復機構の対象になる．
- 大腸菌の SOS 修復
 DNA 損傷に対応して大腸菌が行う種々の反応で，旧国際遭難信号の SOS になぞらえて SOS 修復と呼ぶ．DNA 損傷が引き金となり，DNA 修復や DNA 組換えに関わるたんぱく質，忠実度の低い DNA 合成酵素（誤った塩基を導入しやすい．損傷を乗越えて DNA 複製を行う），溶原ファージの誘発，細胞分裂の阻害など，20 以上の遺伝子が一斉に発現して修復を行う．

[3.4. 大腸菌の株（遺伝子欠損株）について]

　今日まで変異原に感受性の大腸菌株が数多く単離され，その表現型の原因となる遺伝子が同定されている．本課題で用いる大腸菌に関連する遺伝子は次の3つである．
- *uvrA*: UvrA たんぱく質はヌクレオチド除去修復に必要な酵素である．この遺伝子を欠損するとヌクレオチド除去修復ができなくなる．
- *recA*: RecA たんぱく質は DNA 相同組換え，SOS 修復に必要な酵素である．この遺伝子を欠損すると組換えや SOS 修復ができなくなる．
- *phr*: Phr たんぱく質は光回復酵素である．この酵素を欠損するとピリミジンダイマーの光

回復ができなくなる．なお遺伝子型表記において，*遺伝子名*⁻ はその遺伝子の欠損を表す（正常は*遺伝子名*⁺）．

【4．実験方法】

【4.1. 課題A　各種DNA修復系欠損株の様々な変異原に対する感受性試験】

生物（ここでは大腸菌）には様々なDNA修復機構が備わっていることを理解する．
様々な種類の変異原が存在することを理解する．
DNA損傷の種類に対応したDNA修復機構が働くことを理解する．

[4.1.1. 材料・試薬・器具]
- 孵卵器
- 白金耳，円形ろ紙，マイクロピペッター，滅菌済みピペットチップ，マイクロチューブ，ピンセット，油性ペン，ガスバーナー，定規（1 mmまで計れるもの，各自準備のこと）
- LB寒天培地
- 大腸菌終夜培養液（環境分子毒性学研究室が準備）
  WP2（野性(wt)株，*uvrA*⁺, *recA*⁺），WP2uvrA（*uvrA*⁻, *recA*⁺）
  ZA60（*uvrA*⁺, *recA*⁻），WP100（*uvrA*⁻, *recA*⁻）
- 被験剤（変異原物質・抗生物質）
  N-Methyl-N'-nitro-N-nitrosoguanidine（MNNG）30 mg/mL,
  4-Nitroquinoline 1-oxide（4NQO）1 mg/mL，Ampicillin 30 mg/mL,
  Dimethylsulfoxide（DMSO）（MNNGおよび4NQOの溶媒）

[4.1.2. 操作]
(1) 大腸菌各株の終夜培養液をよく混ぜる．各株の終夜培養液を図1の要領で火炎滅菌した白金耳でLB寒天培地にストリーク（線画培養）する．この際，各株が寒天培地上の起点で絶対に混じり合わないよう注意する．また起点間の間隔を，ろ紙の直径（8 mm）より小さくする．ディッシュ裏に油性マーカーで8 mm間隔のドットを打ってからストリークすると良い．白金耳は毎回（株を変える毎に）火炎滅菌する．株名を記す．この寒天培地を4枚準備する．
(2) ピンセットを用いて，円形ろ紙を(1)の起点間に正確に置く．ピンセットがストリークした大腸菌に触れないようにする．もし触れたら，次のディッシュでの作業に移る前にピンセットを火炎滅菌する．
(3) 寒天培地上のろ紙に，20 μLの変異原物質をそれぞれ染みこませる．陰性対照用には，被検薬を溶かした溶媒であるDMSOを染みこませる．ディッシュ側面に被験物名・班名を記す．
(4) ろ紙が落ちることがあるので蓋を上にして，37℃で終夜培養する．

(5) 阻止帯の長さを測定する．阻止された菌の集落から，円形ろ紙の接線におろした垂線の長さとする．
(6) 寒天培地をバイオハザード廃棄物として処理する．

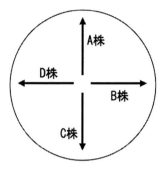

図1　ストリークのしかた

【4.2.　課題B　紫外線によるDNA損傷の光回復】

大腸菌には，紫外線によるDNA損傷（ピリミジンダイマー）を可視光のエネルギーを使って修復する機構（光回復機構）が備わっていることを理解する．

[4.2.1. 材料・試薬・器具]

- <u>長袖白衣と防護メガネ必須（各自準備のこと）</u>　ディスポ手袋（教員が準備）
- 遠心機，孵卵器，紫外線照射装置，紫外線量計，可視光照射装置，ボルテックスミキサー，<u>時計（秒針付きを各自準備）</u>，マイクロピペッター（最大容量 20 μL，最大容量 200 μL，最大容量 1,000 μL），滅菌済みピペットチップ，滅菌済みマイクロチューブ，滅菌済みディッシュ，スプレッダー，ビーカー，油性ペン，ガスバーナー，アルミホイル
- LB 寒天培地，70% エタノール，生理食塩水
- 大腸菌終夜培養液（教員が準備）
- WP2uvrA/pKY1（$uvrA^-$, $recA^+$, phr^{++}）この株はWP2uvrAに，phr遺伝子を連結したプラスミドpKY1を導入し，光回復酵素を過剰発現（phr^{++}）したものである．なおpKY1のマーカーはAmp^rである．

[4.2.2. 操作]

(1) 990 μL の生理食塩水を入れたマイクロチューブを 3 本作る．
(2) 大腸菌終夜培養液を良く撹拌した後 10 μL をとり，(1) で準備した 990 μL の生理食塩水が入ったマイクロチューブ 1 本に入れ，ボルテックスでよく撹拌する．これで大腸菌が 100 倍希釈されたことになる．チューブの蓋に希釈率を記す．
(3) (2) の 100 倍希釈液 10 μL を，(1) で準備した別の生理食塩水入りマイクロチューブ 1 本に入れ，ボルテックスでよく撹拌する．これで大腸菌が 10^4 倍希釈されたことになる．

チューブの蓋に希釈率を記す.
(4) (3)の10^4倍希釈液10 µLを,(1)で準備した残りの生理食塩水入りマイクロチューブに入れ,ボルテックスでよく撹拌する.これで大腸菌が10^6倍希釈されたことになる.チューブの蓋に希釈率を記す.
(5) (4)の大腸菌10^6倍希釈液をそれぞれ100 µLずつ4枚のLB寒天培地上にスプレッダーを使用し均一に播種する.3枚のディッシュ側面に(7)の可視光照射時間を記す.1枚は播種した大腸菌数を計数するための無処理(UVも可視光も照射しない)ディッシュである.これを陰性対照とする.エタノール入りビーカーとバーナーは離して使用し,炎がエタノールのビーカーに入らないよう厳に注意する.
(6) 3枚のLB寒天培地上の大腸菌にそれぞれ$3 J/m^2$の紫外線を照射する.紫外線防護のため長袖白衣,防護メガネ,手袋を着用すること.照射直前にディッシュの蓋を開けること(蓋は紫外線を遮る).照射後すぐに蓋をすること.紫外線量計の数値の単位は$µW/cm^2$である.なお1 [W] = 1 [J/sec]であるから,100 [$µW/cm^2$] = 1 [$J/m^2 sec$]である.線量測定値とこの換算式から,規定の$3 J/m^2$を照射するには,何秒必要かを予め計算しておく.
(7) 紫外線照射したLB寒天培地に可視光線(蛍光灯)を0, 1, 15分照射し,直ちにアルミホイルで包み遮光する.蛍光灯と培地の距離を5 cmにすること.照射時に蓋を開ける必要はない(蓋は可視光を通す).但し蓋に水滴がつくなどして不透明の場合は蓋を開けること.
(8) 陰性対照用の無処理LB寒天培地(側面に必要事項記すこと)と共に,37℃で終夜培養する.
(9) LB寒天培地上のコロニー数を計数する.
(10) 寒天培地をバイオハザード廃棄物として処理する.

【4.2. 課題C 大腸菌のSOS応答(Rec-Assay; レック-アッセイ)】

大腸菌のSOS修復を理解する.

[4.2.1. 材料・試薬・器具]

- 長袖白衣と防護メガネ必須.手袋は教員が準備.
- 遠心機,振盪恒温水槽,濁度計(吸光度計),紫外線照射装置,紫外線量計,ボルテックスミキサー,時計(秒針付きを各自準備)
- 滅菌済み試験管,滅菌済み試験管キャップ,マイクロピペッター(最大容量20 µL, 最大容量200 µL, 最大容量1,000 µL),滅菌済みピペットチップ,滅菌済みマイクロチューブ,滅菌済みディッシュ,油性ペン,ガスバーナー,ディスポーザブル手袋
- LB液体培地,生理食塩水
- 大腸菌終夜培養液(教員が準備)
  WP2 ($recA^+$), ZA60 ($recA^-$)

第1部 入門編

[4.2.2. 操作]
(1) 試験管4本に分注されたLB培地（3 mL/本）を37℃に加温する．以下(2)〜(6)は氷冷で行う．
(2) 大腸菌（$recA^+$株と$recA^-$株）終夜培養液をよく混合した後，それぞれ100 μLをマイクロチューブに取り分け，4,000×gで3分遠心して集菌する．チューブに株名を記す．
(3) 大腸菌ペレットを流さないよう(2)の上清を注意深く捨てる．大腸菌ペレットを生理食塩水500 μLに再懸濁する（ボルテックスする）．
(4) 大腸菌各株の懸濁液をそれぞれ250 μLずつディッシュ上にスポットする．
(5) ディッシュ上の大腸菌にそれぞれ10 J/m²の紫外線を照射する．
(6) 4種類の大腸菌液（$recA^+$株非照射，$recA^+$株照射，$recA^-$株非照射，$recA^-$株照射）をそれぞれ150 μLずつ4本のLB培地（試験管）に入れる．管上部に株・処理・班名を記す．
(7) (6)の試験管4本の濁度を測定する．ここでは吸光度590 nm（OD_{590}）を計る．LB培地のみを入れた試験管のODも測定し，ブランク値とする．各試験管のOD値からブランク値を差し引いたものが，それぞれ培養時間0のODである．
(8) 試験管4本を37℃恒温水槽で振盪培養する．
(9) 1時間後，1.5時間後，2時間後，2.5時間後，3時間後にOD_{590}を測定する．<u>毎回測定前に管外壁の水を拭くこと</u>．測定後は速やかに振盪培養器に戻す．
(10) 大腸菌の培養液をバイオハザード廃液として処理する．

【5．レポートおよび課題】

[課題A]
(1) 被験剤と株名・欠損DNA修復系，阻止帯の長さを表にまとめなさい．
(2) 何故そのような結果が得られたか，DNA損傷の種類とDNA修復系を関連づけて考察しなさい．

[課題B]
(3) 陰性対照培地に出現したコロニー数を100%として，横軸に光回復時間［分］，縦軸に相対生存率［%］をとったグラフを作成しなさい．
(4) なぜそのような結果が得られたかを考察しなさい．

[課題C]
(5) 横軸に培養時間，縦軸に濁度（OD_{590}）をとったグラフを作成しなさい．
　　注：大腸菌が増殖すると，大腸菌数に応じて培養液が濁る．菌密度と濁度は比例する．また通常，濁度は比較的長波長（590〜620 nm）の可視光（$OD_{590〜620}$）で測定する．従ってグラフの縦軸は大腸菌数を表す．（一般にOD = 0.2は，約2×10^8個/mLに相当．また，<u>ランベルト・ベールの法則</u>も復習しておくこと）．

(6) なぜそのような結果が得られたかを考察しなさい．
(7) 実習課題「細菌のDNA修復」を通じての感想を記しなさい．
(8) 実習終了後1週間以内に提出のこと．オンライン（Moodle）による提出も受け付ける．その場合，ファイル名を「氏名.pdf」とし，pdf形式（5 MB未満）のファイル1つをアップロードすること．

9．哺乳動物の臓器・器官の観察
―マウスの解剖―

【1．実験スケジュール】

1日目：マウスの解剖…消化器，循環器
2日目：マウスの解剖…泌尿器，生殖器，中枢神経

【2．事前の注意事項】

予め各自で用意する物：ケント紙と筆記用具（鉛筆，消しゴムなど）
解剖に使用するマウスは実験用として飼育された動物であるが，命ある生き物であることを忘れずに大切に扱う．（本実験に先立って行う，動物実験安全教育訓練を必ず受講すること．それを受講しなかった場合，本実験は受講できない）ハサミやピン等の刃物を使用するので手を切らないように気をつけて扱う．

【3．実験の背景・原理・目的】

脊椎動物（Vertebrate）は，脊椎骨を体軸とした内骨格をもつ動物群である．分類学的には魚類（Pisces）と呼ばれる無顎類（Agnatha），軟骨魚類（Chondrichthyes）や硬骨魚類（Osteichthyes）をはじめ，両生類（Amphibia），爬虫類（Reptilia），鳥類（Aves），哺乳類（Mammalia）を含んでいる脊椎動物門もしくは脊椎動物亜門とされる．特に哺乳類は脊椎動物のなかでも最も分化の進んだ動物とされており，その特徴として恒温性，循環器系の発達，肛門と生殖門の別，神経系の発達，免疫系の発達，胎生等が挙げられる．
この実験では，マウスを材料として脊椎動物の体制および哺乳類の特徴を理解する．特に，ヒトとの違いやマアジ，アフリカツメガエルのような哺乳類以外の脊椎動物との解剖学的相違に留意し，器官の色，形態，個数を観察し，諸器官の構造と機能を関連づけて理解する．

【4．実験方法】

【4.1. 試薬・材料・器具】

実験材料：マウス（*Mus musculus*）　1頭/2～3名

試薬・器具：解剖用ハサミ（大・小）2本，ピンセット（大・小）2本，ピン（8〜10本），解剖板，バット，キムタオル，70%エタノール，キムワイプ，ポリ袋3枚，ケント紙，筆記用具

【4.2. 操作】
【4.2.1. 消化器，泌尿器，循環器，生殖器】

1日目
[4.2.1.1. 腹部の解剖]
(1) 解剖セットは1班に1セット配布する．解剖板とキムタオルを卓上に置く．
(2) マウスは解剖する前に頸椎脱臼により苦痛を与えないように屠殺したものを用いる．
(3) 外部生殖器を見て雌雄の判別をする．
(4) 腹側を上にしてマウスを解剖板上に置き，手首と足首のあたりをピンでさして解剖板に固定する．腹部を70%アルコールで湿らせたキムワイプで拭き，皮膚のみをピンセット（大）でつまみ，ハサミ（大）で横に小さく切り込みをつくる．ここからハサミ（大）を入れ，ハサミとピンセットを使って皮膚を図の番号に従って切開し，引き剥がし，腹壁，筋肉を露出させる．皮膚裏側の血管をたどり，<u>前肢・後肢のつけ根にあるリンパ節（lymph node）を探し，目視で確認する（図1）．</u>また，オスの場合は包皮腺（図3）が下腹部に確認できる．

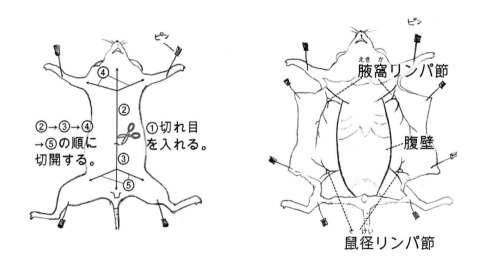

図1　皮膚の切開方法（左）とリンパ節の位置（右）

9．哺乳動物の臓器・器官の観察 —マウスの解剖—

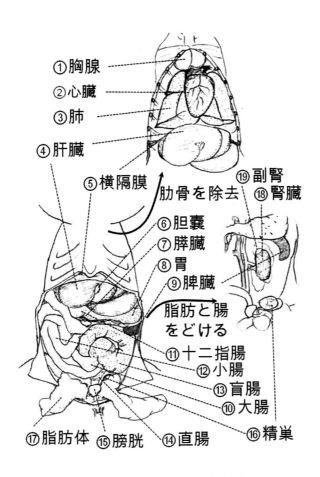

図2　マウス腹部，胸部の解剖図
①胸腺，②心臓，③肺，④肝臓，⑤横隔膜，⑥胆嚢，⑦膵臓，⑧胃，⑨脾臓，⑩大腸，
⑪十二指腸，⑫小腸，⑬盲腸，⑭直腸，⑮膀胱，⑯精巣，⑰脂肪体，⑱腎臓，⑲副腎

[4.2.1.2. 腹腔内臓器の観察]
(1) 腹部の臓器を傷つけないように腹壁をハサミ（小）で切開し，内臓を露出させる．
(2) 腹部の臓器（横隔膜，肝臓，胆嚢，胃，脾臓，膵臓，十二指腸，小腸，盲腸，直腸，膀胱）を確認し，スケッチする（図2）．
(3) ピンセットで盲腸（マウスの盲腸は非常に大きい），小腸を丁寧につまみ出しながら，小腸周辺に付いている腸管膜上で小腸からのびた血管が集まり，門脈となって肝臓につながっていることを確認する．
(4) 以下の操作は全てハサミ（小）とピンセット（小）を使って行う．切り出した臓器は，キムタオル上に置く．
(5) 腸管の切り出しと観察．直腸（rectum）を見つけ，肛門（anus）から切り離す．次に，胃（stomach）を見つけ，十二指腸（duodenum）を胃の直下で切り離す．十二指腸端を

73

第 1 部　入門編

ピンセットで持ったまま，ハサミで結合組織を切り離して腸管を摘出し，キムタオルの上に置く．腸は腸間膜で繋がっている．腸間膜リンパ節を見つけて確認する．腸間膜を切り外しながら消化管を十二指腸から直腸までまっすぐ伸ばす．小腸（small intestine），盲腸（blind intestine），大腸（large intestine），直腸の色，形状を確認し，スケッチする．また長さも計測する．内容物の色も確認する．

(6) 脾臓（spleen）の位置を確認し，切り出す．大きさ，色，形状をスケッチする．
(7) すい臓（pancreas）は胃（stomach）の下にある．位置を確認し，胃から切りはなす．

※胃と食道（esophagus），肝臓（liver），胆嚢（gall bladder）は，腹部臓器であるが，摘出は，次の胸部の解剖で行う．

[4.2.1.3. 胸腔内臓器の観察]
(1) 胸部の左右脇腹から肋骨を切断，肋骨をピンセットで持ち上げ横隔膜（diaphragm）を切開する．このとき，食道と胃を切り離さないよう注意する．
(2) 露出した胸腺（thymus），肺（lung），心臓（heart），肝臓，胆嚢の色，位置関係を確認し，スケッチする．
(3) 肝臓（liver），胆嚢（gall bladder）を切り出す．胆嚢の色，大きさ，位置を確認．肝臓の色，形，確認し，スケッチする．肝臓の枚数（葉）を数える．
(4) 心臓の上に被さっているリンパ系中枢臓器胸腺が 2 葉であることを確認する．
(5) 咽喉（throat）の気管を見つけ，気管・食道を一緒に切断する．心臓・肺，食道・胃を一緒に摘出する．出血がおこるので，アルコール綿で血を除去する．
(6) 食道・胃を切り離す．
(7) 心臓，肺を切り離す．心臓の色，形状を観察し，スケッチする．
(8) 気管への肺の付き方を観察する．肺の色を確認し，枚数（葉）を数える．
1 日目はここまで，一旦冷凍保存する．

2 日目
[4.2.1.4. 泌尿生殖器の観察]
(1) 腹部筋層をハサミ（小）で切開し，下腹部の内臓を露出させる．
(2) 腹腔内にある生殖器を泌尿器との位置関係と共に確認する．
(3) 背面の一対の腎臓（kidney）を摘出する．副腎（adrenal）を摘出する．腎臓と副腎の色，形状，大きさ，個数を確認し，スケッチする．尿管（urinary duct）と膀胱（bladder）をたどって確認する（図 3）．
(4) マウスの雄雌を確かめ，オスの場合は精巣（睾丸），精管，精巣上体（副睾丸），精嚢，メスの場合は卵巣，卵管，子宮のかたち，場所，数，色を確認し，スケッチする．

9．哺乳動物の臓器・器官の観察 —マウスの解剖—

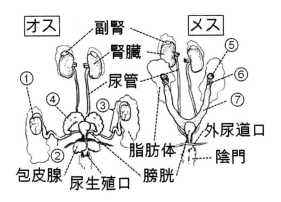

図3　泌尿生殖器
①精巣（睾丸），②精管，③精巣上体（副睾丸），④精嚢，⑤卵巣，⑥卵管，⑦子宮

【4.2.2. 中枢神経と末梢神経】
[4.2.2.1. 脳と坐骨神経の観察]
(1) マウスを背側に向け，背中の皮膚のみをハサミで切り，眼や鼻先周辺まで注意して剥がし，除去する．
(2) 後頭部から首にかけての筋肉をハサミ，ピンセットを用いて剥がす．頭蓋骨，脊椎を露出させる（図5）．
(3) 背部から中枢神経系のつながり方を確認した後，断頭し，頭蓋骨の背側からハサミを入れ，側部にそって切れ込みを入れる．少しずつ頭蓋骨を剥がして脳を露出させる（図5）．

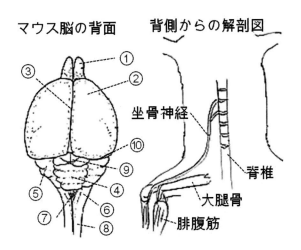

図4　マウスの脳と坐骨神経
①嗅葉（嗅球），②大脳半球，③大脳縦裂，④小脳虫部葉，⑤小脳側葉，
⑥延髄，⑦菱形窩，⑧脊髄，⑨中脳，⑩大脳横裂

第1部　入門編

(4) 鼻先まで骨を外す．脳組織は柔らかく，特に嗅球はちぎれやすいので注意する．
(5) 背面から脳をスケッチする．①嗅葉（嗅球），②大脳半球，③大脳縦裂，④小脳虫部葉，⑤小脳側葉，⑥延髄，⑦菱形窩，⑧脊髄，⑨中脳，⑩大脳横裂の位置を示す（図4）．
(6) 脳の後部を持ち上げて腹側を観察する．脳の下側に視神経交叉があり視神経へとつながっていることを確認する．また，脳下垂体（ホルモン分泌を制御する重要な組織）が剥がれて顎側の骨上に残っていることを確認する．
(7) 下肢大腿部を背側から筋肉を除去していくと，大腿骨に並んで白い糸状の座骨神経が見える．座骨神経の観察をおこない，脊髄のどの位置から出ているのか，また，どこから大腿へ入るのかを確認する．さらに，座骨神経を切らないように注意し，ふくらはぎの筋肉までつながっていることを確認する．

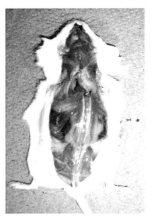

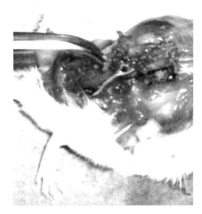

図5　マウスの脳と坐骨神経の観察
左上）頭蓋骨を露出，右上）頭蓋骨を剥がし，脳を露出，下）座骨神経と脊髄

[4.2.2.2. 脳切片の作製および染色（次回の準備）]

観察後，時間に余裕がある場合は，班の代表者が脳を取り出し，OCTコンパウンドに包埋し，凍結ブロック作製する．凍結ブロックはクライオスタットで薄切し，各自1枚の小脳を含

む矢状断切片スライドを作製する．操作の詳細は当日説明する．また，時間に余裕があれば次回の組織切片の染色にあるクリューバー・バレラ染色の1日目の作業をおこなう．

【4.2.3. あとかたづけ】
　内臓の観察に用いた材料はピンを抜き，マウスおよび摘出した臓器は指定された場所におくこと．ハサミ，ピンセット，解剖板を水洗し，実験台上にキムタオルを広げてその上に置く．血液がハサミなどの金属器具に残っていると錆の原因になるので，洗ったら必ず確認すること．

【5．レポートおよび課題】

　レポートには，《目的》，《方法》，《結果》を簡潔にまとめ，実験中に記録したスケッチと観察結果（臓器の位置，大きさ，色，形状，個数（分葉している場合は枚数も）を添付する．最後に，ヒトや他の脊椎動物の臓器との比較を含めて《考察》を書く．解剖実験の《感想》も書く．実験当日に出した《課題》や《参考文献》も忘れずに記入すること．

10. 哺乳動物の臓器・器官の観察
―マウスの組織切片の染色・観察―

【1．実験スケジュール】

1日目：組織切片の作製と染色、観察
2日目：臓器内の細胞・組織の観察

【2．事前の注意事項】

　予め各自で用意する物：スケッチに用いるケント紙と筆記用具（鉛筆，消しゴムなど）
1班8人程度のグループで作業を進めるので作業を分担してスムーズに進めること．
　スライドガラスに張り付いている組織切片は，スライドガラスが隣の人のものと重なったりすると剥がれてしまうので，重ならないように気を付けて取り扱いなさい．
　染色に使う試薬類はすべて回収するので，流しには捨ててはいけません．

【3．実験の背景・原理・目的】

　9章ではマウスを解剖し，臓器を観察したが，10章では臓器を構成して細胞・組織の観察をおこなう．生体内の細胞・組織を観察する場合，組織を厚さ数マイクロメートルの薄い切片にスライスしたものをスライドガラスへ貼り付け，種々の染色処理を施し，光学顕微鏡での観察可能な状態にする，いわゆる組織化学的手法が使われる．組織化学は病理診断で利用されるが，発生学，神経科学，組織工学，遺伝学などの様々な研究分野においても組織の形態や組織内の細胞，タンパク質，糖などの局在を理解するための有効な方法である．
　本実習では，動物組織の最も基本的な染色方法であるヘマトキシリン・エオシン染色（HE染色）および脳組織の染色によく使用されるクリューバー・バレラ染色（KB染色）の方法を習得するとともに，動物の組織・細胞の構造を観察し，理解することを目的とする．

【4．実験方法】

1日目
【4.1. 組織切片の作製と染色、観察】

【4.1.1. 材料・試薬・器具】

- 組織切片の作製
  　クライオスタット，スライドガラス，臓器を含んだ凍結ブロック
- 組織切片の染色と観察
  　マウスの各臓器（脳，卵巣，精巣，他）の凍結切片かパラフィン切片が貼り付けられたスライドガラス，ゴム手袋，染色バット，染色液，キシレン，エタノール，ビーカー，ピンセット，竹串，封入剤（カナダバルサムなど），カバーガラス

【4.1.2. 操作】

[4.1.2.1. ヘマトキシリン・エオシン（HE）染色法]

[4.1.2.1.1. 染色液の調製]

- マイヤー（Mayer）のヘマトキシリン（hematoxylin）液
  　ヘマトキシリン 0.5 g を蒸留水 50 mL に入れ，加熱して溶かす．冷たい蒸留水 450 mL を加え，次にヨウ素酸ナトリウム 0.1 g と硫酸カリウムアルミニウム 25 g を入れて撹拌する．完全に溶けたら抱水クロラール 25 g と結晶クエン酸 0.5 g を入れ，撹拌する．赤紫色の染色液ができる．

- エオシン（Eosin）液
  　エオシン Y 0.5 g，氷酢酸 0.1 mL，蒸留水 50 mL を混合する．これはストック液である．使用時にはストック液：80%エタノール＝1：3となるように混合する．さらに混合液に対し 0.5% 容量の氷酢酸を加えた液を使用する．

[4.1.2.1.2. 染色の手順]

(1) 染色バットに蒸留水を入れる．凍結切片が貼り付いたスライドガラスを蒸留水の入った染色バットへ入れて 5 分間静置する．この操作を 2 回行い，切片に含まれる凍結包埋剤を溶かす．

(2) 染色バットにヘマトキシリン液を入れる．水洗後のスライドガラスをヘマトキシリン液に入れる．室温で 10 分間静置する．この操作により核が染まる．

(3) 染色バットに蒸留水を入れ，そこへスライドガラスを入れ，洗浄する．この洗浄工程は室温，5 分間で 3 回繰り返す．

(4) 次にエオシン染色をするために，染色バットにエオシン液を入れる．そこへ先の工程で洗浄したスライドガラスをエオシン液に入れ，室温，5 分間静置する．（対比染色）

(5) 染色バットに入れた蒸留水で軽く（30 秒）洗浄する．

(6) スライドガラスを 99% エタノールの入った染色バットに 30 秒間浸ける．

(7) 新たに 99% エタノールを入れた染色バットに 1 分間浸ける．

(8) 透徹：キシレンに 10 分間程度（1 分以上）浸ける．（ドラフト内で作業）

(9) 封入：試料の上に竹串で封入剤を 1 滴たらし，カバーガラスを被せて乾かす．

(10) サンプルは次回，顕微鏡で観察し，染色した各組織をスケッチする．

注意：キシレン，エタノールは有機溶媒なので，流しに捨てずに回収する．

10. 哺乳動物の臓器・器官の観察 —マウスの組織切片の染色・観察—

[4.1.2.2. クリューバー・バレラ（KB）染色法]
[4.1.2.2.1. 染色液の調製]
- ルクソールファスト青液（0.1%）
    ルクソールファスト青　0.5 g，95% エタノール　500 mL，10% 酢酸　2.5 mL
- 炭酸リチウム水溶液（0.05%）
    炭酸リチウム　0.25 g，蒸留水　500 mL
- クレシル紫液（0.1%）
    クレシル紫　0.5 g，蒸留水　500 mL

[4.1.2.2.2. 染色の手順]
(1) 染色バットに蒸留水を入れ，凍結切片が貼り付いたスライドガラスをその染色バットへ入れて5分間静置する．この操作を2回行い，切片に含まれる包埋剤を溶かす．
(2) スライドガラスを95% エタノールに5分間浸ける．
(3) 染色バットにルクソールファスト青液を入れる．蒸発しないように蓋をしてビニールテープで密閉し，<u>58℃で24時間静置する．</u>
(4) 95% エタノールに5分間浸ける．　←［染色2日目はココからスタート］
(5) 染色バットに蒸留水を入れ，そこへスライドガラスを入れ，洗浄する．この洗浄工程は室温，3分間で3回繰り返す．
(6) （炭酸リチウム水溶液に5〜10秒間，70% エタノールに3分間，さらに蒸留水に2〜5分間）×3回程度（髄鞘以外の青染が脱色できるまで）で分別．
(7) 蒸留水で1分間の洗浄を2回繰り返す．
(8) 次にニッスル染色をするために，染色バットにクレシル紫液を入れる．そこへ先の工程で洗浄したスライドガラスを入れ，37℃，10分間静置する．
(9) 95% エタノールを入れた染色バットに1分間浸ける．これを2回繰り返す．
(10) 新たに99% エタノールを入れた染色バットに1分間浸ける．
(11) 透徹：キシレンに1分以上浸ける．（ドラフト内で作業）
(12) 封入：試料の上に竹串でカナダバルサムを1滴たらし，カバーガラスをかけて乾かす．サンプルは次回の顕微鏡で観察に用いる．

2日目
【4.2 臓器内の細胞・組織の観察】
[4.2.1. 材料・試薬・器具]
　染色した組織切片の試料，光学顕微鏡，対物ミクロメータ，鉛筆，ケント紙，記録用紙，補足資料（組織化学の教科書），パソコンとプロジェクター

[4.2.2. 操作]
　始めにパソコンとプロジェクターを使って，主要臓器の組織の画像を見せて，組織の特徴を

[4.2.3. 顕微鏡観察]
(1) 自分の学籍番号に応じた顕微鏡を棚から机の上に用意し，セットする．
(2) 自分で作製したプレパラート（2枚）を用意する．プレパラートには学籍番号と名前を記入する．プレパラートが用意できなかった人は1人1枚ずつ組織標本を配付するので，ケント紙の上部に名前と学籍番号を記入する．プレパラートを手にとって観察する．組織標本の端に番号が刻まれているので，まず番号を記録しておく．1枚のプレパラートには，精巣および卵巣と他1種類の臓器の切片（HE染色）が張り付いている．もう一枚のプレパラートは脳の切片（KB染色）が張り付いている．
(3) 肉眼による観察：プレパラートを肉眼で見て，形，色，配置を図示する．各プレパラートに振られた番号を，スケッチを描くケント紙の上端に記入する．※経験を積めば，この段階で，どれがどの臓器か見当がつく．
　※見当がつけば，臓器の名称を書いて，横に印を付けて結果に記載すること．
(4) プレパラートの顕微鏡観察：始めに，4倍の対物レンズで観察し，構造の特徴を確認し，スケッチする．次に高倍（10倍，40倍）で細胞の特徴まで確認し，スケッチする．

※補足資料を参考に組織の構造的特徴から，その組織を切り出した臓器を推定する．その根拠となる構造物の名称，細胞の種類を記入する．
※上記で記録した結果は表にまとめてスケッチと一緒にレポートに付ける．
※自分のプレパラート上の標本をスケッチした後，更に自分と異なる臓器の標本も時間が許す限り，他の人の標本を見せてもらいながらスケッチする．

【4.3. あとかたづけ】
　観察終了後，顕微鏡に破損がないか点検し，元の場所に収納する．組織標本は回収するので教卓上のプレパラートボックスに入れる．実験台を雑巾で拭き，椅子を整頓する．実験台とその周辺をきれいにすること．

【5．レポートおよび課題】

　レポートには，「目的」，「方法」「使用した装置・器具」，「染色方法」，「観察作業など」，「結果」「スケッチおよびスケッチ内容の説明や記録」，「考察」，「課題」，「参考文献」，「感想」の順にまとめ，組織標本の観察を記録したケント紙や記録紙を添付して提出すること．

「課題」
(1) 肝臓，腎臓，心臓，小腸，肺における細胞の役割について調べ，それらの細胞の関係について述べること．

(2) 脳の組織はどの方向に切った切片であるかを予想する．
(3) ヒトの脳とマウスの脳の位置関係の違いを確認する．

　ケント紙は各自持ち帰り，レポートに添付して提出すること．くれぐれも紛失しないように．観察の過程で付けた印などを消して綺麗にする必要はない．これが実験の記録である．あとで記録を見て，どの組織切片がどの臓器から切り出したものか，推定した過程がわかるようにすること．記録紙は，観察結果をまとめてレポートにした後，レポートに添付し一緒にとじること．

11. 生命情報データベースの利用

　生命科学の進展により，ゲノム・遺伝子・タンパク質に関する膨大な量のデータが蓄積されている．近年の生物化学の研究では，必要なデータ・情報をインターネット上の Web サーバを利用して効率的に収集することが必須の作業となっている．そこで，世界の様々な研究機関が公開しているシステムを紹介しながら，その活用法を実習形式で学んでいく．

【1．NCBI データベース】

　NCBI は，米国 National Institute of Health（米国立衛生研究所）の中に設けられた生命情報科学研究センター（National Center for Biotechnology Information）の略である．そこでは，広範な内容のデータベースが開発され，運用されている．実習では，比較的よく使われるサービスについてかいつまんで説明する（2024 年 11 月 10 日での情報を以下では記載する）．

　まず，http://www.ncbi.nlm.nih.gov/　にアクセスする．（Google などで "NCBI" を検索しても出てくる）

　これは NCBI サイトのトップページである．All Database と書いてあるところ（図の楕円）をクリックしてメニューを出すと，NCBI に収められているデータベースの一覧［ゲノム（Genome），核酸（Nucleotide），タンパク質（Protein）や論文等文献のデータベース（PubMed）など］が見つかる．

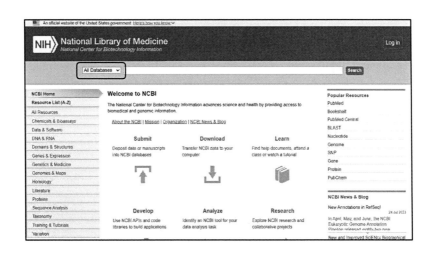

第1部　入門編

[1.1. NCBIデータベースでの検索]

　All Databasesをそのまま選ぶと，NCBIのすべてのデータベースを横断的に検索することができる（データベースクロスサーチと呼ぶ）．また，各データベース内の類似エントリーの間にリンクが張られており，あるデータベース中のあるエントリーを手掛かりとして，関連する多様なデータを効率的に収集できる．

　ここでは例として，キーワード入力欄に，検索キーワード「neurotransmitter」（神経伝達物質）と書いて検索してみる（Searchボタンをクリックか，エンターキーを押す）．これにより，NCBI中の全データベースに対する検索が同時に行われ，各データベース中に何件のヒットがあったかが示される．

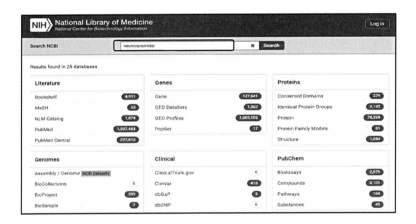

　各データベースについての検索結果を見るには，それぞれのデータベース名をクリックする．例えば，PubMedをクリックすると，neurotransmitterに関わる文献データの検索結果が得られる（後述）．

　Googleなどの検索と同様，条件を指定することもできる．今度は，「神経伝達物質 neurotransmitter」と「受容体 receptor」の両方のキーワードを含むものを，

　　　　　　neurotransmitter AND receptor

として検索してみる．ANDのような条件を指定するワードを「ブール演算子」と呼ぶ．この他に，どちらかが含まれているものを対象とするORや，含まれていないものNOTがある．

（例題）
- 神経伝達物質と受容体両方で検索すると，PubMedでのヒットの件数がどう変化するか．

　ここで，詳細な検索法として，NCBIでの検索の基本的な形式を紹介する．

　　　　　　"用語"[フィールド]　ブール演算子　"用語"[フィールド] …

「用語」：検索キーワード．複数の単語から成る用語（フレーズ）を指定する時は，""（ダブルクォーテーション）で囲む．

「フィールド」：各データベースのエントリ（レコード）を構成する内容項目（属性），例えば，データベース中のID番号，由来生物種名，遺伝子名，タンパク質名など．各データベースの

11. 生命情報データベースの利用

フィールドの一覧については，以下を参照．http://www.ncbi.nlm.nih.gov/books/NBK49540/
フィールドの使い方について，いくつか例を示す．

（例1）D-loop という生物学的特徴キーワード（FKEY）を持つすべてのヒト核酸配列（ORGN＝生物種）：

  D-loop［FKEY］AND human［ORGN］

（例2）ヒトタンパク質であって，残基長が50残基以上60残基以下，また，2022年中にデータベースに登録されたもの：

  human［ORGN］AND 50:60［SLEN］AND 2022［MDAT］

このように，アクセション番号（ACCN），配列長（SLEN），分子量（MOLWT），日付（MDATとPDAT）については，「:」を使って範囲を指定できる．

[1.2. Protein データベース]

次にタンパク質データベース Protein について詳しく見てみる．目的とするデータベースが Protein などと決まっているのならば，最初の NCBI のホームページで「All Database」の代わりに「Protein」を選択すると，効率的に検索できる．

Protein データベースで「neurotransmitter」と「receptor」を AND でつないで検索してみよう．いろいろなレセプターが検索されているが，16番目には glutamate-gated ion channel neurotransmitter receptor というレセプターも検索されている．Glutamate というのは，アミノ酸のグルタミン酸で，タンパク質の構成物質であると同時に神経伝達物質でもある．そこで，glutamate receptor を例にして，Protein データベースの内容を詳しく見ていく．

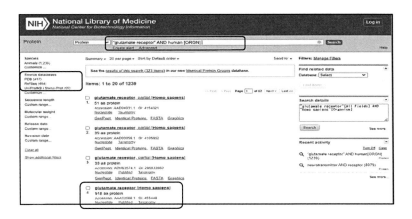

まず，「"glutamate receptor" AND human［ORGN］」と入力し，ヒトにおける glutamate receptor を検索する．（"…"とすると，その並び通りの語句を探索できる）
（partial という部分構造を除いた）4番目のエントリーには，

  glutamate receptor［Homo sapiens］

第 1 部　入門編

　　　　　918 aa protein
　　　　　Accession: AAA52568.1 GI: 455448

とある．Accession というのはデータベースのエントリーの ID を示すもので，AAA52568.1 が Genbank というデータベースの ID である［Genbank（アメリカの配列データベース）のほかに，DDBJ（日本の配列データベース），EMBL（ヨーロッパの配列データベース）がある］．また，GI: 455448 というのは NCBI データベースの通し番号である．

　データベースの種類については，ウインドウの左側の列に一覧が出ている．立体構造が決定されているデータを集めた PDB データベース，高い水準の注釈（機能の説明など）がついているタンパク質だけを集めている UniprotKB/SwissProt などがある．ここでは，UniprotKB/SwissProt を選んでクリックする．

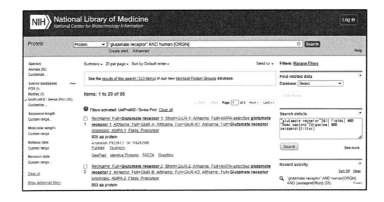

　1 番目のエントリー，Glutamate receptor 1 を選ぶと，データベース内容が GenPept 形式で表示される．GRIA1_HUMAN というのが，SwissProt におけるこのタンパク質の名前である．様々なデータが書かれているが，COMMENT の［FUNCTION］欄に機能の説明がある．また，一番下には，このタンパク質のアミノ酸配列が，一文字表記の小文字で書かれている．

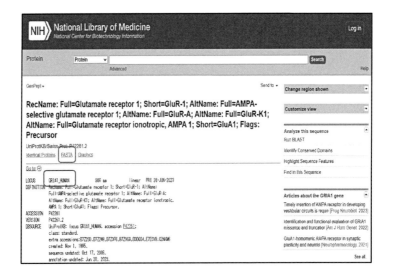

GenPept 形式は，多くの情報が書かれているのだが，配列解析の際には，配列情報だけを得たいことが多い．データのタイトル部のすぐ下にある，FASTA と書かれたところをクリックすると，FASTA 形式と呼ばれる，アミノ酸 1 文字表記の羅列が出力される．FASTA 形式では，行の先頭が「>」になっている行に説明を書き，その次の行から，アミノ酸配列が書かれている．配列解析で使う際には，選択してコピーし，相手先でペーストする．

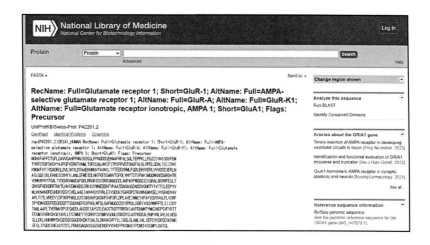

（練習課題 1）glutamate receptor には，ionotropic と metabotropic というタイプがある．ionotropic を検索条件に AND で加えデータを絞るとヒット件数はどうなるか．また，metabotropic ではどうだろうか．

（レポート課題 1）ionotropic と metabotropic の glutamate receptor について調べて記述しなさい．

[1.3. PubMed データベース]
PubMed は文献のデータベースであり，NCBI の中でも，最もよく利用されると言える．バイオインフォマティクスに関係なくても，研究者としては自分の関係する研究分野の最新情報を PubMed などで触れておくのが望ましい（最近では，Google Scholar や Goole そのものを使うことも増えているが）．

第 1 部　入門編

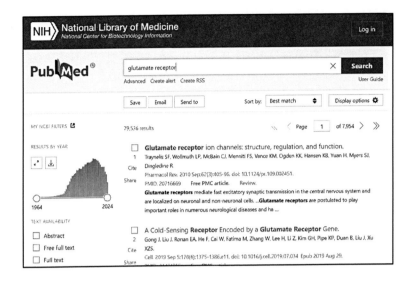

　PubMed データベースを使用するには，同様に NCBI のプルダウンメニューから「PubMed」を選び，「glutamate receptor」を入力して検索する．8 万件弱の文献がヒットすることから，このタンパク質がよく研究されているものあることがわかる．

　左カラムの「Article types」のうち，「Review」をクリックすると，検索でヒットしたもののうち，その分野の研究動向をまとめた概説（Review）にあたるものが表示される．更に，左のカラムの「Publication date」のところで，最近の文献に限定できる（ここでは 5 年にする）．また，「"glutamate receptor"[TI]」と入力すると，タイトルに "glutamate receptor" が出てくるものに限定する．これで再検索してみる．

　2 番目の文献を見てみる．多くの文献では，このようにアブストラクトを見ることができる．もし，興味深い論文があれば，右上のフルテキストへのリンクをクリックすれば，論文の全文を見ることができる（大学で契約しているジャーナルに限られる）．

11. 生命情報データベースの利用

(練習課題2)
- metabotropic glutamate receptor のタイトルでデータを絞るとヒット件数はどうなるか.
- さらに，過去5年の Review に限定するとどうなるか.

【2．配列データの解析】

次に，アミノ配列に関する解析法に進む．ここで重要になるのが，「相同性」という概念である．相同性（homology）とは，祖先遺伝子を共有することにより生じる類似性のことである．遺伝子は進化の過程で，種分化や遺伝子重複が起こり分岐していく．分岐直後は，2つの遺伝子は相互に類似しているが，時間が経つにつれ，次第に異なったものへ変化していく．種分化により分岐したものは，オルソログ（ortholog）と呼び，その遺伝子間の関係を orthologous と呼ぶ．一方，一つの生物種の中で，遺伝子重複により分岐したものをパラログ（paralog）と呼び，その遺伝子間の関係を paralogorous と呼ぶ．進化の過程における遺伝子配列の変化は，完全にランダムではなく，以下のような機能や立体構造に関する制約を受けながら，変化していく．従って，配列を比較解析することにより，配列に内在する機能や立体構造に関する情報を抽出することが可能となる．

(1) 機能的に重要なアミノ酸は変化しにくい
「配列モチーフ」とよばれる，機能に対して特徴的な部分配列が，相同タンパク質の間で保存される．

(2) 立体構造を保持するようにアミノ酸が変化
タンパク質の機能は，その立体構造により実現されている．したがって，立体構造を保持するのは機能を保持する上でも重要である．立体構造の核となる，内部の疎水コアでは変

化がおきにくく，表面では変化がおきやすい．
(3) 物理化学的性質が似たアミノ酸には変化しやすい
疎水性アミノ酸同士や，プラス電荷をもつもの同士など似た物理化学的性質を持つアミノ酸には代わりやすい．相互の代わりやすさの指標をスコアマトリックスと呼び，後述の配列アラインメントで用いられる BLOSUM62 がその例である．
(4) 配列より立体構造のほうが保存しやすい
配列類似性は微弱でも，その立体構造のかたち（フォールド）は似ていることがある．従って，微弱な類似性であっても，立体構造情報を加味することによって，解析を進めることができる．
(5) 配列の変化の程度は，進化上の分岐からの時間にほぼ比例する
配列に基づいて，分子進化を考察し，分子系統樹を書く際の基礎となる考えである．

[2.1. BLAST による相同配列検索]

ここでは，NCBI の BLAST というツールを用いて，データベース中から相同配列を検索してみる．まず，下の BLAST のホームページに行く．

https://blast.ncbi.nlm.nih.gov/Blast.cgi

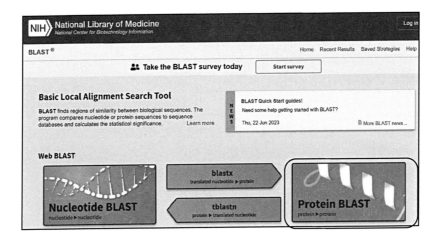

BLAST には，探索したい問い合わせ配列（query と呼ぶ）と検索するデータベースそれぞれについて，「核酸 or タンパク質」を選択できる．ここでは，protein 配列を query とし，データベースも protein とするので，Protein BLAST を選択する．

入力には，探索する問い合わせ配列（query）の FASTA が必要である．ここでは，前章を参考に，別のタブを開き NCBI の protein データベースから GRIA1_HUMAN のキーワードで検索し，FASTA 形式をコピーしておく（>sp から，配列の最後までをマウスで選択し右クリックでコピー）．

BLAST を実行するには，
(1) コピーした FASTA を「FASTA sequence」欄に入力

(2)「Database」欄を，Non-redundant protein sequence（nr）から UniProtKB/Swiss-Prot（swissprot）に変更．（Non-redundant protein sequence（nr）はいろんな配列を集めた大きなデータベースであるのに対し，UniProtKB/Swiss-Prot（swissprot）は，よく研究されて注釈のついた配列のデータベースである．PDB データベースにすると相向性のある立体構造データが検索できる（後述））

(3) 最後に，「BLAST」をクリックし検索を実行．

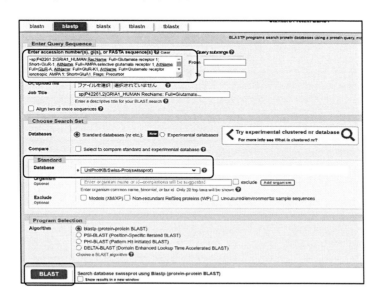

ネットワークなどの状況にもよるが，数秒待つと検索結果が出てくる．画面をスクロールすると，ヒットしたタンパク質が並んでいる．最上位には，そのタンパク質そのものが表示されており，配列一致度（Ident）は 100% である．Glutamate receptor 2，3，4 になってくると，少しずつ一致度が減少してくる．

例えば，Glutamate receptor3 のデータ（P42263.2 の Accession）をクリックしてみよう．
　ここでは，入力した配列左データベース中の配列の Score，Expect（E-value），Method，Identities，Positives，Gaps のデータが示されている．Score は BLAST での類似度の指標，E-value は，この一致の期待値である．小さければ小さいほど，この一致は進化的類縁関係があると言える．ここでは 0.0 であり，進化的類縁関係は確からしい．Identities は配列一致度であり，Positives はアミノ酸の類似度まで考慮に入れた相同性である．Gaps は配列の挿入欠失の度合いを示している．アラインメントのアミノ酸が一致したところには，間の行にそのアミノ酸が示され，アミノ酸の類似度が高い部分には，「＋」が示されている．

（例題 1）データベースを PDB データベースにして GRIA1_HUMAN の相同配列を検索してみる．このように，立体構造が決定されているものに限定すると，リストはどう変わるか．

（例題 2）検索時に再下部の「Algorithm」を「PSI-BLAST」にして再検索してみる．この手法では，進化的類縁関係の小さなタンパク質についても検索が可能になるが，リストはどう変化するか．

[2.2. CLUSTAL による相同配列アラインメント]
　データベース検索により，相同配列がいくつか得られたら，それを並置させることで，類縁タンパク質の保存残基の解析や系統樹の作成を行うことができる．ここでは，CLUSTAL Omega というツールにより，GRIA1_HUMAN と GRIA2_HUMAN，GRIA3_HUMAN の配列アラインメントを実行する．
　まず，前章を参考に，別のタブを開き NCBI の protein データベースから 3 つの FASTA を取得する．次に，https://www.ebi.ac.uk/jdispatcher/msa/clustalo の CLUSTAL Omega のホームページに移動し，sequences の欄に，FASTA 形式の配列を 1 つずつ入力する．その際に，「>sp..」で始まるヘッダについて，後で見やすいように「> GRIA1_HUMAN」とする．

11. 生命情報データベースの利用

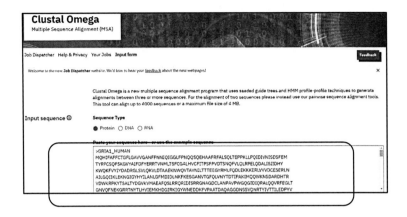

　最下部にある Submit をクリックすると（View Result も押す），下図のようにアラインメントされる．アラインメント結果を WORD などで使うときは，コピペ + フォントサイズを調整して使う（Courier New のフォントにすることに注意！）．「Guide Tree」（「Phylogenic Tree」だとこの場合うまく見えなかった）のタブをクリックすると，分子系統樹を得ることができる（PowerPoint の 挿入＞スクリーンショット で，画像のファイルを作成できる）．どのタンパク質ペアが進化的に近いか．

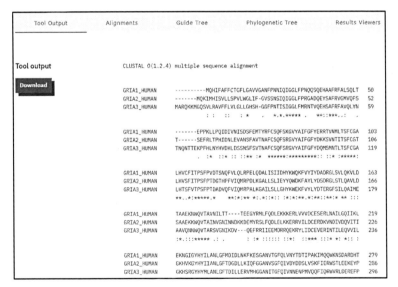

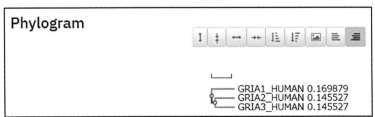

また，配列アラインメントを詳細に描写することもできる．「Result Viewers」のタブをクリックし，移動したページで，「Send to Mview」をクリックする．Input sequence のところに文字が入っているのを確認し，下部の Submit ボタンを押す．View Result も押すと，色付きで配列のアラインメントが表示される（Word ならコピペで，PowerPoint なら 挿入＞スクリーンショット で，下図のように見せることができる）．アミノ酸のタイプごとに，色がついている．それぞれの色は，どのような特徴に基づくものだろうか．また，どの範囲の配列の保存性が高いだろうか．（"consensus" の行には，一致度の高い列についてその位置に来るアミノ酸の特徴を記述している）

(レポート課題 2)
ヒト：GRIA1_HUMAN
マウス：GRIA1_MOUSE
ラット：GRIA1_RAT
シロイヌナズナ：GLR11_ARATH
線虫：GLR1_CAEEL
ショウジョウバエ：GLR1_DROME
について，FASTA 形式の配列を取得し，マルチプルアラインメントを行い，系統樹を作成する．どの種のタンパク質どうしが近いかを記述する．

【3．PDB データベース】

Protein Data Bank（PDB）は，生体高分子の立体構造データを収めた1次データベースである．タンパク質だけでなく，DNA や RNA などの核酸の情報も収められており，研究者が立体構造を決定した際には PDB に登録することが求められている．アメリカの構造バイオインフォマティクス研究共同体（RCSB），ヨーロッパの欧州インフォマティクス研究所（EBI）による PDBe，大阪大学蛋白質研究所による PDBj があり，同様の立体構造情報を取得することができる（提供するサービスが若干異なる）．

11. 生命情報データベースの利用

RCSBのサイト（https://www.rcsb.org/）では，立体構造情報についての様々な統計情報も掲載されている．ページの一番上のメニューにある「Analyze」から「PDB Statistics」いうメニューアイテムをたどると，その情報を見ることができる．左カラム「PDB Data Distribution」の「by Experimental Method and Molecular Type」というリンクをクリックすると，実験手法による比較や分子タイプによるデータの内訳がわかる．大部分が，タンパク質に対するものであり，また，X線結晶構造解析が多数であるものの最近はクライオ電子顕微鏡（EM）も多いことがわかる．

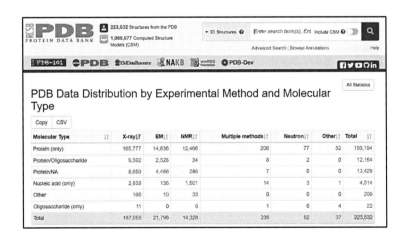

また，右カラム「Growth of Released Structures Per Year」の下の「Overall」のリンクをクリックすると，立体構造情報の登録数がどのように増えていったかを確認ができる．（右クリックで画像を保存できる）

第 1 部　入門編

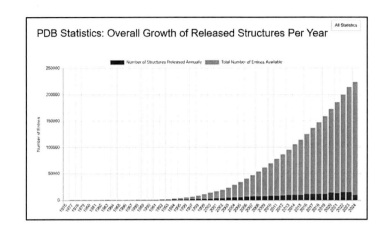

(練習課題 3) X 線，NMR，クライオ電顕それぞれのデータ数の年次経過を出力する．クライオ電顕による構造解析はいつ頃から急速に広まっているだろうか．

(レポート課題 3) 上の 3 つの構造解析法について，調べたうえで記述する．

[3.1. PDB データベースの検索]

　PDB に収録されている立体構造情報のひとつひとつを PDB エントリーと呼び，原子の位置座標とともに実験情報や結合するリガンドなど多様なデータが含まれている．個々の PDB エントリーには 4 文字からなる ID がつけられていて，1 文字目は数字，残りの 3 文字はアルファベットまたは数字である．PDBID は，PDB だけでなく立体構造に関わる多くのデータベースで利用されているため，PDBID を知ることが立体構造の情報を探し出すための第 1 ステップとなる．例えば，RCSB のサイトから，ヘモグロビンの立体構造情報を検索してみよう．PDBID「1HHO」が分かっていれば，それをページ右上の入力欄に入れて（大文字でも小文字でもよい）検索すれば，該当データのページに直接移動してくれる．

11. 生命情報データベースの利用

　検索入力欄には，PDBIDだけでなく，タンパク質名や種の名前，authorなどを指定することもできるので，「hemoglobin human」と入れて検索することもできる．この場合は複数のデータがリスト化される．ここでは，前章のグルタミン酸受容体について，立体構造情報を検索する．ここでは，探索ウィンドウ直下のAdvanced Searchをクリック，入力欄の表示画面右にある下向き矢印をクリックする．「Structure Details」から「Structure Title」を選び，「glutamate receptor」を入力してから右下の「Search」ボタンを押す．94 Structuresと書かれてことから，これらのキーワードがタイトルに含まれているエントリーが94個見つかったことがわかる（2024/11/8現在）．この検索では単純にキーワードが含まれるPDBエントリーを検索したので，どの中にはグルタミン酸受容体そのものの立体構造だけでなく，関連タンパク質のものも含まれるので注意が必要である．例えば，1PIEなどのエントリーはglutate receptor "interacting" protein，すなわち，グルタミン酸受容体と相互作用するタンパク質であってグルタミン酸受容体そのものではない．

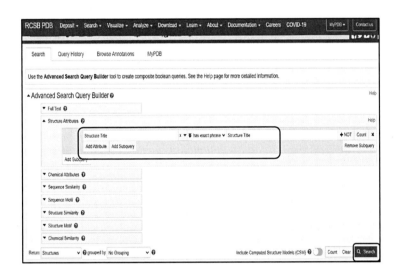

　続いて，グルタミン酸受容体の中でもイオンチャネル型のもの（ionotropic glutamate receptor）に着目し，「ionotropic glutamate receptor」で検索する．今度は，29個の構造が検索された．下にスクロールすると，PDBエントリーの一覧が表示される．検索結果は，検索スコアが高いもの（Score）から並べられている．検索結果を公開日（Release Date）や解像度（Resolution）などで並べ替えることもできる．解像度順にすると，最も解像度のよいPDBエントリーは，4FATで，その解像度が1.4Åであることがわかる．

第1部　入門編

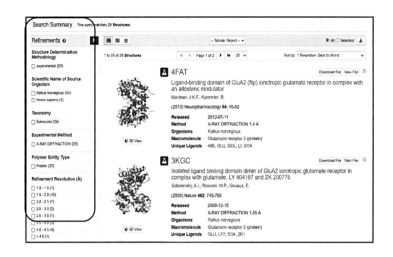

　検索されたPDBエントリーを眺めてみると，グルタミン酸受容体のリガンド結合ドメイン（ligand-binding domainやligand-binding core）が多いことに気づく．PDBでは，同じタンパク質であっても，リガンドの有無やアミノ酸配列のちょっとした違いによるものが別のPDBエントリーとして登録されている．検索結果が少なければ，各PDBエントリーの情報を丁寧に見ればいいが，検索数が多い場合には，ひとつひとつのPDBエントリーを見ていくのは大変である．このようなときには，検索結果を絞り込む必要がある．検索結果画面の左部には，Refinementsというパネルがあり，様々な条件で検索結果を絞り込むことができるようになっている．例えば，「Scientific Name of Source Organism」の項目を利用すると，タンパク質の由来生物種によって絞り込むことができる．

(練習課題4)「ionotropic glutamate receptor」で検索した結果の中で，最も古い（最初に構造が解かれた）PDBIDは何か．また，metabotropic glutamate receptorではどうか．

[3.2. PDBデータベースのデータ取得]
　PDBエントリーについて，glutamate receptorの立体構造である1MQIを例にデータを閲覧してみる．また，立体構造などのデータファイルを取得する．
　まずは，「1MQI」を入力して検索してみる．最初のページには，このエントリーのタイトルやタンパク質の分類（Classification）と由来生物（Organism），構造解析実験の概略がまとめられている．次の「Literature」には掲載論文の情報，「Macromolecule」には解かれた構造に含まれる分子情報，「Small Molecules」は結合するリガンドや薬剤などの情報，「Experimental Data & Validation」には実験の詳細が表示されている．また，関連PDBエントリーや他のデータベース（Uniprotなど）へのリンクも含まれる．

(レポート課題8) ヘモグロビンのPDBID「1HHO」について，以下に注目してまとめる．また，ミオグロビン「1MWD」ではどうか．ヘモグロビンとミオグロビンの違いを調べて記述した

うえで，両者を比較しなさい．
- 何年の論文のデータか．
- 何個のタンパク質分子から成るか．その残基数はいくつか．どのようなリガンド分子が結合しているか．
- 実験手法は何か．Resolution（解像度）は何 Å か．

座標データファイルの取得は，右上にあるメニューから行う．このうち，Download Files メニューからは，PDBファイルのダウンロードを行うことができる．座標データファイルの形式は，一般的なPDB形式のほか，mmCIF形式，PDBML/XML形式でダウンロードすることができる．PDB形式は，一番幅広く用いられている形式であるが，かなり昔に形式が決定されたため，巨大分子への対応などで問題が明らかになった．その問題を解消する形式として，mmCIF形式やPDBML/XML形式が提案されている．ここでは，PDB形式のファイルをダウンロードしてみる（GNU zip形式で圧縮されたファイルも用意されているが，ここではテキスト形式のものをダウンロードする）．

```
HEADER    MEMBRANE PROTEIN                        16-SEP-02   1MQI
TITLE     CRYSTAL STRUCTURE OF THE GLUR2 LIGAND BINDING CORE (S1S2J) IN COMPLEX
TITLE    2 WITH FLUORO-WILLARDIINE AT 1.35 ANGSTROMS RESOLUTION
COMPND    MOL_ID: 1;
COMPND   2 MOLECULE: GLUTAMATE RECEPTOR 2;
COMPND   3 CHAIN: A;
COMPND   4 FRAGMENT: LIGAND BINDING CORE (S1S2J);
COMPND   5 SYNONYM: GLUR-2, GLUR-B, GLUR-K2, GLUTAMATE RECEPTOR IONOTROPIC, AMPA
COMPND   6 2;
COMPND   7 ENGINEERED: YES
SOURCE    MOL_ID: 1;
SOURCE   2 ORGANISM_SCIENTIFIC: RATTUS NORVEGICUS;
SOURCE   3 ORGANISM_COMMON: NORWAY RAT;
SOURCE   4 ORGANISM_TAXID: 10116;
SOURCE   5 GENE: GLUR-2 OR GLUR-B;
SOURCE   6 EXPRESSION_SYSTEM: ESCHERICHIA COLI BL21(DE3);
SOURCE   7 EXPRESSION_SYSTEM_TAXID: 469008;
SOURCE   8 EXPRESSION_SYSTEM_STRAIN: BL21 (DE3);
SOURCE   9 EXPRESSION_SYSTEM_VECTOR_TYPE: PLASMID;
SOURCE  10 EXPRESSION_SYSTEM_PLASMID: PETGQ
KEYWDS    IONOTROPIC GLUTAMATE RECEPTOR, GLUR2, LIGAND BINDING CORE, S1S2,
KEYWDS   2 PARTIAL AGONIST, WILLARDIINES, FLUORO-WILLARDIINE, MEMBRANE PROTEIN
EXPDTA    X-RAY DIFFRACTION
AUTHOR    R.JIN,T.G.BANKE,M.L.MAYER,S.F.TRAYNELIS,E.GOUAUX
REVDAT   4   02-AUG-17 1MQI    1       SOURCE REMARK
REVDAT   3   24-FEB-09 1MQI    1       VERSN
REVDAT   2   23-DEC-03 1MQI    1       JRNL
REVDAT   1   05-AUG-03 1MQI    0
JRNL        AUTH   R.JIN,T.G.BANKE,M.L.MAYER,S.F.TRAYNELIS,E.GOUAUX
JRNL        TITL   STRUCTURAL BASIS FOR PARTIAL AGONIST ACTION AT IONOTROPIC
```

ダウンロードしたファイルの中身はテキストエディタで見ることができるが，単に見るだけであれば，Display Files から PDB Format を選べばよい．（FASTA Sequences も閲覧することができ，こちらのほうが利用の機会が多い．）下にスクロールしていくと，いろいろな情報がPDBファイルには書かれていることがわかる．

次の表に，PDBファイルの情報をリスト化した「レコード」についてまとめた．アミノ酸配列の情報や2次構造などの立体構造情報だけでなく，論文や実験情報といった多様なデータが含まれることが分かる．この中でも一番重要なのは，ATOM 行/HETATM 行で，この行に各原子の X, Y, Z 座標と，占有率，温度因子などが，書かれている．ATOM 行は，タン

パク質・核酸などの生体高分子の座標で，HETATM行は，リガンドなどの座標を示す．占有率とは，結晶中に複数の構造が混じっていた場合，その割合を示すものである（高解像度の場合，複数の位置にある構造モデルが観察されることがある）．温度因子は，どの程度，原子に乱れがあるかを示す指標であり，温度因子が低いほど，乱れが少なく，よく構造が決まっていることを示している．

レコード	主な内容
TITLE	エントリーの題名
JRNL	この構造を報告した論文
REMARK	注釈．生物学的機能を持つタンパク質複合体の情報なども書かれている
SEQRES	アミノ酸配列の情報
HELIX	ヘリックス領域とタイプ
SHEET	シート領域とタイプ
ATOM	タンパク質・核酸の原子データ
HETATM	タンパク質・核酸以外の原子データ
CONECT	共有結合の情報

12. 生体分子立体構造の可視化とモデリング

　X 線や NMR, クライオ電子顕微鏡といった構造解析手法を駆使することにより, タンパク質や DNA など生体分子の立体構造が数多く明らかにされており, 生体分子の機能発現のしくみを, 立体構造をもとに理解することが重要になっている. この実習では, PyMOL という分子表示ソフトウェアを用いて, PDB のタンパク質立体構造データを可視化し, 分子としての機能を解析し論文などで使える図を作成する手法を学ぶ. また, 立体構造データがない場合に, アミノ酸配列とタンパク質構造との相関を活用したバイオインフォマティクス手法を適用し, アミノ配列から立体構造をモデリングするやり方について, 原理を理解しながら実習を行う.

【1. PyMOL によるタンパク質構造の可視化】

　PyMOL とは, Schrödinger 社が配布・販売する分子表示ソフトウェアである. 通常は有償であり, 以下の実習で行うこと以外にも様々な作業ができる（実習では学生用ライセンスを使う）. 使い方の詳細については, 以下のサイトなどが日本語で分かりやすくまとめられているので, 参考にすること. http://www.protein.osaka-u.ac.jp/rcsfp/supracryst/suzuki/jpxtal/Katsutani/operation.php

第 1 部　入門編

[1.1. PyMOL の使い方と構造の可視]

　PyMOL を起動すると，ウインドウが開く．上にあるのが，GUI ウインドウで，下にあるのが Viewer ウインドウである．GUI ウインドウには，上方にメニューバー，真ん中に実行ログの出力画面，一番下のラインには，コマンドを入力可能なコマンドラインがある．Viewer ワインドウには，タンパク質などの立体構造が表示される．ウインドウの右側には，all と書かれた場所があるが，これはオブジェクトパネルで，ここに読み込んだ立体構造のリストや，原子選択（sele: 後述）などが表示される．

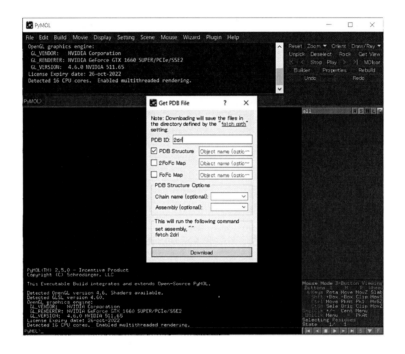

　さっそく，タンパク質分子の読み込みから行う．ここでは，リボース結合タンパク質（PDB: 2dri）を例に実習する．メニューバーの File を選択し，GetPDB から 2dri を入力する．そうすると，画面には分子の立体構造が描画される．オブジェクトパネルには，読み込んだ PDB の ID である 2dri が表示される．

12. 生体分子立体構造の可視化とモデリング

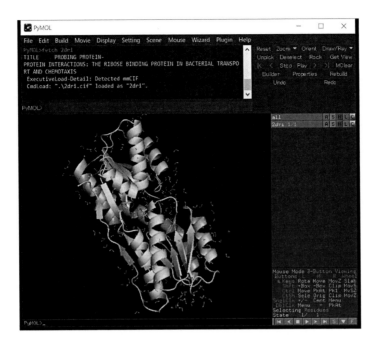

オブジェクトパネルに描画されたタンパク質構造は，マウスで自在に動かすことができる．下を参考に，結合しているリボースがよく見えるように動かしてみる．

オブジェクトパネル上で，2dri の右側にある Action/Show/Hide/Label/Color ボタンから多様な操作が可能である．S ボタンでは，いろんな表示法（lines, sticks, cartoon, surface など）を選ぶ（その中の as を先に選択すると，すでに表示されていたものを削除し新しいものだけが表示される）．表示を消したい場合は，隣の H と書かれたボタンから操作する．色を変えたい場合は，いちばん右側にある C と書かれたボタンを用いる．ここでは，以下の操作をしてみよう．

- 水を隠す：Hide > waters
- N から C 末で色が変化するように着色する：
  Color > spectrum > rainbow
- リボースを spheres 表示に：Show > organic > spheres
- 水素原子を隠す：Hide > hydrogens > all

第1部　入門編

操作	表示の変更
左ドラッグ	回転（上下左右）
中ドラッグ	平行移動（上下左右）
右ドラッグ	拡大（下）、縮小（上）
ホイール回転	切断面が前後に移動（ズームの調整）

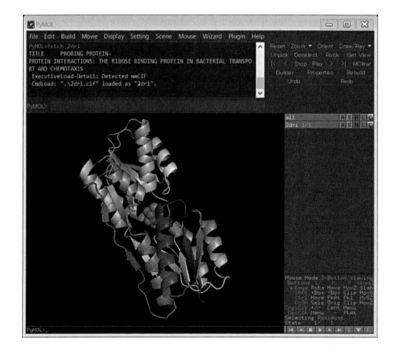

12. 生体分子立体構造の可視化とモデリング

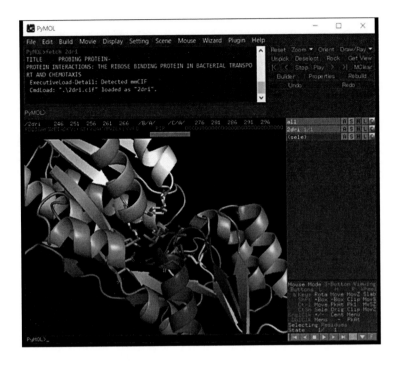

あるタンパク質部位のみの表示を変えたい場合，まず，右下のSボタンを押しアミノ酸配列を表示する．該当する残基領域をマウスで左クリックして選択すると，選択された原子がピンク色の点で表示される．また，構造をマウスでクリックして選択することもできる．選択が行われると，オブジェクトパネルに「sele」という名前のものが追加されるので，その右側にあるボタンを使って選択部分の表示を変更するなどの操作ができる（選択した部分をそのまま取っておき後で変更したい場合には，Aボタンから rename selection を選び，適当な名前に変更しておく）．練習として，以下の操作をしてみる．

- リボース（272番目の残基 RIP）をクリックして選択
- リボースが中央になるように移動: Action > center
- リボースを sticks 表示に変更: Show > as > sticks
- リボースから 4Å 以内にある原子を含む残基を選択
    Action > modify > expand > by 4Å, residues
- 新たに「sele」と選択された上の残基も sticks 表示 Show > sticks（Show > as > sticks だと，cartoon 表示が消えるので注意すること）

水分子や水素原子も消し，リボースとその周辺残基との相互作用が見やすいサイズと角度にする．下のような図になっただろうか．

第1部　入門編

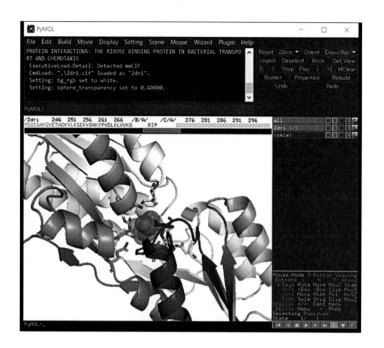

　上方のメニューバーでも様々な可視化の作業が行える．そのうちいくつか，以下の操作をしてみる．
- 背景を白に：Display > Background > white
- spheres で描かれたリボースを少し（40%）透明に
  （先にリボースを sphere 表示に戻してから）
  　　Setting > Transparency > Sphere > 40%
- PNG 形式で絵を出力：File > Export Image As > PNG
  （Save PNG image as を押し，ファイル名を指定する：先にコマンドラインに ray 600（ray の後に空白を入れる）と打つと，レイヤーのかかったきれいな絵になる）
- 現在の作業状況をセーブし保存しておくと便利なので，気が付いたら行うようにする．
  　　File > Save Session As
  として名前をつけると .pse ファイルが作成され（Save Session では上書き保存される），次回にこのファイルを実行すると，続きから作業できる．

【練習課題1】（上記以外にもいろいろ試しながら）作成した PNG ファイルを貼る．角度などを変え，2枚以上見せること．

[1.2. タンパク質の構造変化を図示する]
　タンパク質が細胞内で機能するときに，構造が変化する（ことが多い）．そのような構造変化を分かりやすく見せるやり方を実習する．例えば，下図はアデニレートキナーゼというタンパク質が基質である ATP と AMP（厳密には2つが結合したアナログ分子，右図の緑の分子）

を結合していない構造（左，PDB: 4ake）と結合構造（右，PDB: 2eck）であるが，このように構造が異なる部位に色を付けたりしながら明瞭に構造変化を見せる図を作成するのが目的である．

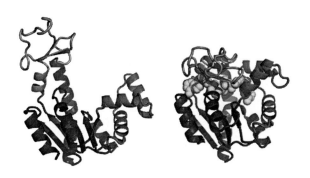

実習では，リボース結合タンパク質の構造変化を示す図を作成する．前節の構造（PDB: 2dri）はリボースが結合した閉構造であるのに対し，リボースが結合しない開構造（PDB: 1ba2）がある．

まず，PyMOL を新たに起動し，2 つの構造を読み込む．水分子があると見にくいので隠す（オブジェクトパネルの all で作業すれば，2 つの構造について同時に操作可能）．また，1ba2 は A と B という 2 つの chain で構成されるため，chain B をマウスで選択（またはコマンドラインに sele chain B）してから，Action > remove atoms として削除する．

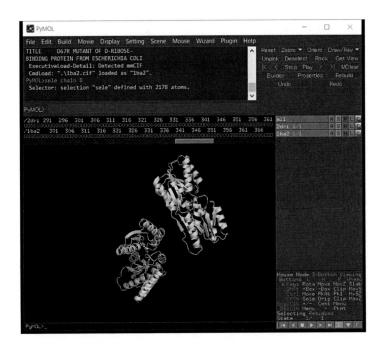

第 1 部　入門編

　このままでは，2 つの構造が離れていて違いが分からない．こういう場合には，1 つの構造を別の構造にアライン（フィッティング）する．今回は 1ba2 のほうを動かすとし，まず全体構造でアラインしてみる．
- 1ba2 で，Action > align > to molecule > 2dri
- 2dri で，Action > center　とすれば，2 つの構造が真ん中に移動する．
- 「aln_1ba2_to_2dri」をクリックし off にすると，アラインメントを示す黄色い線が消える．

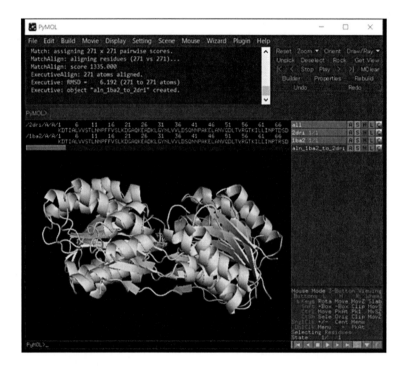

　この段階でも 2dri の構造が 1ba2 に比べて閉じていそうに見えるが，少々分かりにくい．タンパク質はドメインと呼ばれる，構造変化をしない小さな部位の組み合わせで構成され，その構造変化はドメインの相対配置の変化として記述されることが多い．そのため，1 つのドメインを固定し構造をアラインする（そのようなドメインをコアドメインと呼ぶ）のが，構造変化を分かりやすく可視化するポイントとなる．ここでは，残基範囲 107-235 をコアドメインとしてこの部位にアラインしてみる．
- 2dri のコアドメイン（残基 107-235）を選択．マウスで選択（または，コマンドラインで sele 2dri and resi 107-235）
- （アラインして動かすほうである）1ba2 で，
　　Action > align > to selection > sele

12. 生体分子立体構造の可視化とモデリング

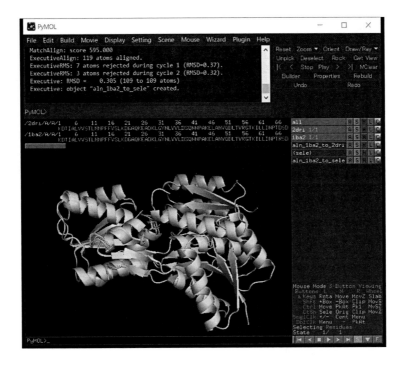

　左のコアドメインに対し右のドメインが開閉する様子が明瞭になった．あとは，より分かりやすく見せるために，PyMOL でいろいろ工夫をしてみる．

- リボース非結合である 1ba2 を白色にする（画面では灰色になる）．
- リボースを sphere 表示，色も黄色に変える．
- リボース結合である 2dri について，コアドメインと別のドメイン（1-106+236-271）をシアンにする．

　左のコアドメインで構造フィッティングしたとき，右のドメインがどれだけ動くかを定量化したい．そこで，各残基の位置のずれを平均した指標としてRoot Mean Square Deviation (RMSD) を計算する．

- （念のため，今の段階でセッションを保存する）
- コマンドラインで，以下を入力する

　rms_cur 2dri and resi 1-107+236-271 and name ca,1ba2 and resi 1-107+236-271 and name ca
　（ rms_cur が RMSD を計算するコマンドで，以下に 2 つの部位を "," で区切って入力する．1 番目は，PDB:2dir の残基番号 1 から 107 と 236 から 271 にある Ca 原子を意味する．）
　すると，上方のログ出力画面に，

　　　Executive: RMSD =　 17.654 (142 to 142 atoms)

　と RMSD の値が（Å の単位で）出力される．

111

第 1 部　入門編

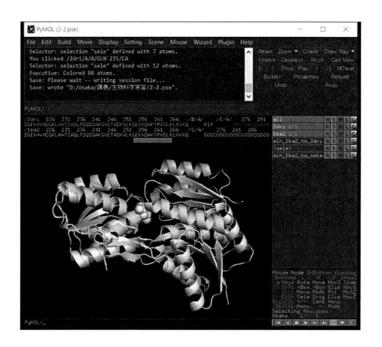

【練習課題 2】PNG ファイルを保存し，ファイルに貼り付ける．ファイルに，構造変化を示す矢印や RMSD の数値を追記するなどして，構造変化の描写を行う

【レポート課題 1】
- 章始めに説明したアデニレートキナーゼについて，酵素反応などを調べたうえでまとめて記述する．
- 4ake と 2eck の構造変化の図を作成する．コアドメインの残基範囲は 1-29+81-116+165-214, ATP 結合ドメイン（ATP lid）は 117-167 AMP 結合ドメイン（AMP lid）は 30-80 とする．必要のない chain B は削除すること．

【2．タンパク質の立体構造モデリング】

　タンパク質の立体構造やその変化が分かれば，その分子機能を知ることができる．PDB に立体構造データがない場合にどうすればいいかというと，アミノ酸配列からタンパク質の構造を構築すればいい（構造モデリングという）．例えば，「アミノ酸配列が似たタンパク質の立体構造は似ている」というホモロジーの経験則を用いると，立体構造が解かれていないタンパク質の構造モデルを，配列が類似した類縁タンパク質の立体構造をもとに構築することができる（ホモロジーモデリング）．また，立体構造の部品となる二次構造を予測するなどし，既知構造情報を使わずに直接アミノ配列から構造を予測する手法（de novo/ab initio モデリング）の開発も進められてきたが，近年の AI・機械学習の発展により，深層学習を用いた画期的な手法が研究レベルで使えるようになった（AlphaFold2）．この章では，これら二つに分類される手

法について，Web サーバを操作してモデル構造を構築し，PyMOL で構造を解析するといった一連の作業を実習する．

[2.1. ホモロジーモデリング]

ホモロジーモデリングとは，立体構造が解かれていないタンパク質（ターゲット）の構造モデルを，類縁タンパク質の立体構造を鋳型（テンプレート）にして構築する手法である．想定されるとおり，ホモロジーモデリングの信頼度は，ターゲットとテンプレート間の配列アラインメントで決まる．経験則として，十分な信頼性としては，最低 30% 以上の配列一致度が目安となる．

この実習では，新型コロナウィルス SARS-CoV-2 に向けた創薬（阻害剤開発）を模した作業を行う．ターゲットとしては，ファイザーやシオノギが製品化した 3CL プロテアーゼ（3CLpro: メインプロテアーゼともいう）とする．SARS-CoV-2 3CLpro の立体構造は新型コロナのヒトへの感染が始まってすぐに解かれたが（6lu7: PDB で 2020 年 2 月 5 日にリリース），今回はその前の段階を想定する．つまり，SARS-CoV の立体構造（PDB: 2hob）をテンプレートとし，SARS-CoV-2 のターゲット配列から立体構造を予測することを目的とする．

準備としてまず，2hob と 6lu7 の構造を PyMOL で見てみる．両方とも PDB ファイルではモノマーである．SARS-CoV の 1uk2 の構造を見ると，2 量体（chain A と B）としてプロテアーゼが機能しているのが分かる．

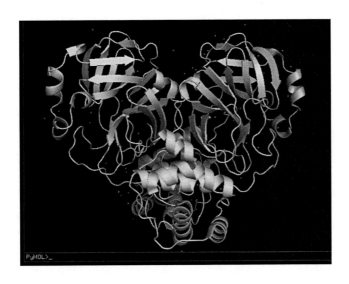

【レポート課題 2】前回実習した Clustal Omega により，2hob と 6lu7 の配列アラインメントを作成する．SARS-CoV と CoV-2 で何残基が異なるだろうか．また，PyMOL で 1uk2 の 2 量体構造を開き，置換した残基を sphere により表示し（chain A と B 両方ともに），絵を作成する．2 量体の界面にある残基置換により，CoV → CoV-2 で 2 量体結合能が増したという論文があるが（Sci Rep, 2020），どの残基置換の寄与であるか．

第 1 部　入門編

　ホモロジーモデリングは SWISS-MODEL という Web サーバで実行することができる．https://swissmodel.expasy.org/　のサイトに移動し，「Start Modelling」をクリック，以下の操作を行う．

1. 右上にある User Template を押す．（「4」の Template File の項目が出てくる）
2. ターゲットである SARS-CoV-2 の FASTA 配列を，6lu7 の PDB サイトからコピペして入力する（2 行目の chain A の配列のみ）．
3. 2hob の PDB サイトから，テンプレートとなる SARS-CoV の PDB ファイルをダウンロードし，適当なディレクトリに置いておく．
4. テンプレート構造として，「3」で取ってきたファイル名を入力する．
5. Build Model を押して実行する．（適当なタイトルと自分の E-mail アドレスを入れてもいい）

　数分後に結果が出力される（メアドを入力すると，結果を見るためのリンクがメールで届く）．構造の絵は，PyMOL と同様にマウスで動かすことができ，クリックすると，残基名・番号と Confidence（信頼度）が出る（青が精度大，赤が精度小）．構造モデルの信頼度が GMQE の箇所（Global Model Quality Estimation: 0 から 1 の値を取り，1 に近いほど精度がいい）に書かれている．次の図，赤い枠内の「Download Files」をクリックし PDB Format とすると，モデル構造の PDB ファイル（model_01.pdb）が取得できる．

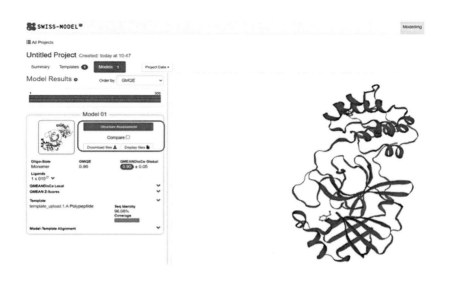

12. 生体分子立体構造の可視化とモデリング

ホモロジーモデリングで得られたモデル構造について考察する．PyMOLで以下の操作を行う．

- モデル構造（model_01.pdb）とテンプレート構造（2hob）とともに，正解構造（6lu7）も読み込む．
- 2hobにアライン（model_01はテンプレートである2hobにすでにアラインされている）．
- 水分子を非表示にする．また，6lu7構造に結合する阻害剤（N3阻害剤：PyMOLではO2JからO10までのペプチド様分子）をsticksにし，色を変更する．

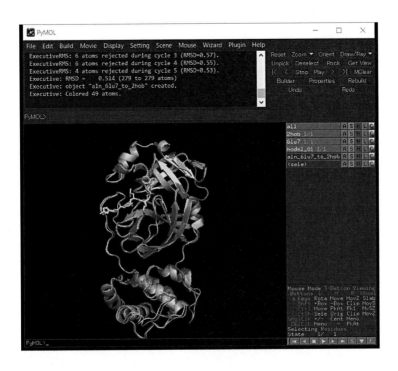

【練習課題3】

ホモロジーモデリングした構造が，テンプレート構造（2hob）とどの部位がどの程度異なるか，また，正解構造（6lu7）との一致度はどうか，について，特にN3阻害剤との結合部位に注目して考察し，必要なPyMOLの絵をファイルに張り付けて，説明を書く．このモデル構造は，SARS-CoV-2 3CLproの阻害剤開発をするうえで十分といえるだろうか．

[2.2. AlphaFold2によるAb initioモデリング]

2020年のCASP14（タンパク質立体構造予測の出来を競うコンテスト）で，Googleの子会社であるDeep Mind社が開発したAlphaFold2という手法が突出的な性能を示した．PDBの立体構造だけでなく（囲碁や将棋のように）予測した構造自体も学習データ（配列と立体構造の相関）として大量に取り込み，独自の深層学習モデルを構築することで，主鎖だけでなく側鎖の構造についても十分な精度で予測可能にした．また，この手法の詳細を全世界に公開し，

第1部 入門編

すべての人に使えるようにしたのが画期的な点であり，その簡易版である Colab Fold は，Webサーバで簡単に実行することができる．この実習では，ホモロジーモデリングでも作業した SARS-CoV-2 3CL プロテアーゼの構造予測を試してみる．

まず，（Google アカウントにログイン後に）以下の Colab Fold のサイトに移動する．
https://colab.research.google.com/github/sokrypton/ColabFold/blob/main/AlphaFold2.ipynb

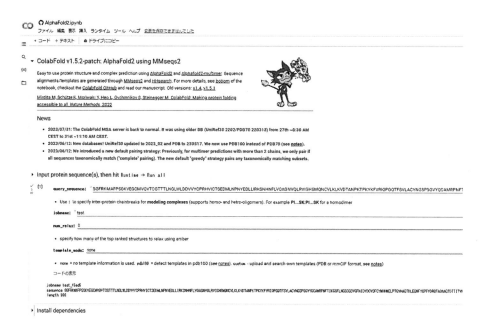

あとは，「Input Protein Sequence」の「query sequence」に，6lu7 の FASTA 配列を入力し，上のメニューで「ランタイム＞すべてのランを実行」とすればいい（「このまま実行」を続けて押す）．この Web サーバでは Python プログラムを上から順に実行していくが（Jupitar Notebook という），数分で結果が出力され，予測構造などの結果をまとめた Zip ファイル（test XXX.zip のようなファイル名）が自動的にダウンロードされる．ファイルを解凍すると，5 つの予測構造が，testXXX_rank00?_YYY.pdb という PDB ファイル名である．この rank は，予測精度のよい順番に並んでいる．

AlphaFold2 では，構造既知のすべてのタンパク質を対象とした類似配列検索（BLAST より高速かつ高精度な MMseqs2 という手法を使っている）で得られたマルチプルアラインメントをベースに，ゲノム上での残基間の共進化という概念を用いることで残基間の距離を予測している（残基間の距離が分かれば立体構造が構築できるという原理は，NMR による構造解析にも用いられている）．予測の精度も残基ごとに計算されることがこの手法の強みであるが，ここでは注目すべき 2 つの指標について簡単に説明する．

- Confidence score ((predicted) pLDDT): 各残基での予測精度のスコア．AF2ではデフォルトで5つの構造を予測するが，それぞれについての値がプロットされる．70％以上のpLDDTであれば十分な精度と言える．

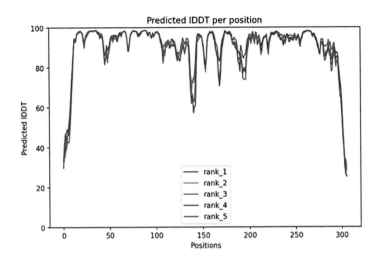

- Predicted aligned error (PAE): 残基間の相対配置の予測精度．縦軸 y (aligned residue) の近辺残基で構造をアラインしたときの，横軸 x (scored residue) での位置のずれを Å の単位で示す．青が精度大，赤が精度小．

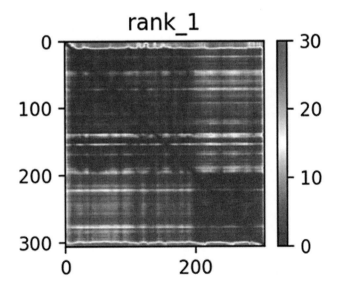

【レポート課題3】AF2で計算されたモデル構造について，PyMOLの絵を張り以下の考察を文章で加える．

第1部　入門編

- 予測で出てきた5つの構造モデルを比較する．PyMOLで5構造を読み込み，すべてをrank1のAF2構造にアラインする．
- rank1の構造モデルを正解構造（6lu7）と比較する．
- ホモロジーモデリングで作成した構造と比較する．

第2部
応用編

13. 培養細胞からのRNA抽出, RT-PCRによる遺伝子発現解析, およびTAクローニング

「すべての生物は1つ以上の細胞からできており, 細胞は生命の構造上の単位である（細胞理論, cell theory）」. したがって生物学のあらゆる問題を解く鍵は, 最終的に細胞の中に見つかるに違いないと考えられてきた. 実際, 細胞の仕組み, はたらきを理解するために様々な研究方法が開発され, 特に分子生物学分野の進歩とも協調して, 細胞活動を分子レベルで解析することが可能になってきている.

本実習課題では, 培養細胞における生体反応を分子レベルで解析する実験の一例として, 細胞レベルで自然免疫反応を誘発し, 関連する遺伝子の発現解析を行う. また, 分子生物学実験の基本的技術である「遺伝子クローニング」, 近年生物学の分野で急速に発展している「メタボローム解析」も行う.

具体的には, 以下のスケジュールで実験を行い, 実際の実験操作を通じて, 細胞生物学実験, 分子生物学実験の基礎原理を理解することを目的とする.

【実験スケジュール】
1日目：課題A 細胞からRNAの抽出, 精製
① 核酸調製法の基礎知識（講義）
② 細胞からRNAの抽出, 精製（実験）

2日目：課題B 逆転写-ポリメラーゼ連鎖反応による遺伝子発現解析
① 遺伝子発現解析法の基礎知識（講義）
② 逆転写-ポリメラーゼ連鎖反応（RT-PCR）, TAクローニング（実験）

3日目：課題C 制限酵素処理によるクローニングした遺伝子の確認
① 遺伝子クローニングの基礎知識（講義）
② プラスミドの抽出・精製, 制限酵素処理（実験）

4日目：課題D 組換えタンパク質の産生とアミノ酸変動の解析
① 組換えタンパク質の産生とメタボローム解析の基礎知識（講義）
② 質量分析装置を用いたアミノ酸変動の解析（実験）

第 2 部　応用編

【事前の注意事項】
- 筆記用具，白衣を持参すること．
- 発がん性を有するとされている試薬もあるので，取り扱いには注意すること．
- 紫外線照射によって DNA を可視化するので，直接光線があたらないように十分注意すること．
- 実験後に使用した廃液，ゲル等は所定の場所に廃棄すること．

1 日目
1. 課題 A 細胞から RNA の抽出と精製
【1.1. はじめに】

　細胞は，細胞外からの刺激に応答して遺伝子発現パターンを変化させる．遺伝子発現とは，DNA 中の遺伝子に含まれる遺伝情報（塩基配列）をメッセンジャー RNA に転写し，それをもとにタンパク質を合成（翻訳）することである．免疫，発生，分化，細胞死などの過程では，複数遺伝子の発現が調節を受けている．遺伝子発現を解析することは，生命現象を分子レベルで理解する上で重要である．

　高等生物には，自然免疫と獲得免疫という二つの免疫機構がある．自然免疫とは，生物が生まれつき持っている一次防御機構である．本実習では，培養細胞を細菌の細胞壁成分であるリポ多糖（lipopolysaccharide, LPS）で処理し，自然免疫反応を惹起し，誘導される一酸化窒素合成酵素（inducible nitric oxide synthase, iNOS）遺伝子の発現の解析を行う（図 1）．

　1 日目に，LPS 処理した細胞より RNA を抽出し，2 日目に，逆転写-ポリメラーゼ連鎖反応（RT-PCR）法で遺伝子発現を解析する．

　RNA は，1 本鎖であり，RNA 分解酵素やアルカリ性条件で容易に分解するため，調製する際にはいかにして分解を防ぐかに注意を払う必要がある．また，物理化学的性質が類似している DNA といかに分離するかが重要である．本実習では，核酸の構成成分である糖（リボースとデオキシリボース）の極性の違いにより RNA と DNA を分離する酸性グアニジウム・フェノール・クロロホルム法（AGPC 法）を用いる．

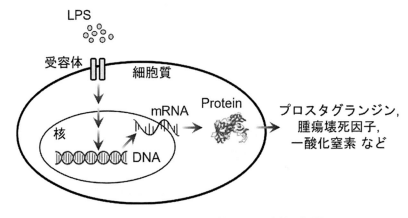

図 1　LPS 刺激に対する遺伝子発現応答の概要

13. 培養細胞からのRNA抽出，RT-PCRによる遺伝子発現解析，およびTAクローニング

【1.2. 実験方法】
[1.2.1. 材料・試薬・器具]
- 細胞変性溶液
    - 4 M グアニジンチオシアネート
    - 25 mM クエン酸ナトリウム（pH 7.0）
    - 0.1 M 2-メルカプトエタノール
    - 0.5% N-ラウロイルサルコシン
- 2 M 酢酸ナトリウム（pH 4.0）
- 平衡化酸性フェノール
- クロロホルム／イソアミルアルコール（49：1）
- 70% エタノール
- イソプロパノール
- RNA 変性溶液（ホルムアミド，ホルムアルデヒド含有）
- マイクロピペッター，遠心機，シリンジ，注射針，1.5 mL マイクロチューブ，分光光度計，電気泳動槽

[1.2.2. 操作]
(1) ディッシュより培地を完全に除去し，細胞変性溶液 500 μL を加える．
(2) 25 G 針のついたシリンジで細胞懸濁液の吸引・吐出を数回繰り返し，細胞を溶解，均一化（ホモジナイズ）する．**泡立てないように注意し，粘性がなくなるまで繰り返す．**
(3) 溶解液を 1.5 mL マイクロチューブに移す．
(4) 2 M 酢酸ナトリウム 50 μL を加え，ボルテックスミキサーで完全に混合し，スピンダウンする．
(5) 平衡化酸性フェノール 500 μL を加え，ボルテックスミキサーで完全に混合し，スピンダウンする．
(6) クロロホルム／イソアミルアルコール 100 μL を加え，ボルテックスミキサーで完全に混合する．＊混合後，サンプルを教員・TA に確認してもらう．
(7) 氷上に 5 分間静置する．
(8) 遠心（15,000 回転，室温，5 分間）．
(9) 上層 400 μL を新しいマイクロチューブに移す．
   中間層を取らないように注意．＊3 層に分かれていない場合は，教員・TA に指示を仰ぐ．
(10) イソプロパノール 400 μL を加え，ボルテックスミキサーで完全に混合する．
(11) 氷上に 5 分間静置．
(12) 遠心（15,000 回転，室温，5 分間）．
(13) デカンテーションにて上清を捨てる．**マイクロチューブ底の白い沈殿の有無を確認．**
(14) 70% エタノール 500 μL を加え，転倒混和にて混合する．
(15) 室温で 5 分間静置．

第2部　応用編

(16) 遠心（15,000回転，室温，5分間）．
(17) デカンテーションにて上清を捨て，清潔なキムワイプの上にマイクロチューブを逆さまにしてアルコールを除去する．
(18) 超純水20 μLをマイクロチューブに加え，沈殿物を溶解する．
(19) 分光光度計での吸光度測定（※1）と変性アガロースゲル電気泳動（※2）を行う．

※1　精製RNAの濃度の決定（分光光度計での吸光度測定）
(1) 0.2 mLチューブ内で，超純水47 μLとRNA溶液3 μL（前の操作(18)で得た溶液）を混合する．（RNA希釈液）
(2) 分光光度計の波長を280 nmと260 nmを測定できるように設定する．
(3) 分光光度計用石英セルに超純水450 μLを入れ，分光光度計にセットする．
(4) オートゼロを行い，超純水の吸光度を測定する．
(5) セルからマイクロピペットで超純水を取り除き，RNA希釈液を入れる．
(6) 分光光度計にセットし，吸光度を測定する．
(7) 260 nmの吸光度（A260）を用いて，以下の式からRNA濃度を算出する．
$RNA濃度 (ng/\mu L) = [A260(RNA) - A260(超純水)] \times 40^{*} \div 0.006^{**}$
*RNAの分子吸光係数（ε_{260}, ng/μL）．　**RNA希釈率．

260 nmの吸光度と280 nmの吸光度の比（A260/A280 nm）を求める．
精製RNAの純度が高い場合，A260/A280 nm = 1.8〜2.0になる．

※2　精製RNAの純度の確認（変性アガロースゲル電気泳動；RNAの2次構造を壊し，変性条件下で電気泳動を行う）
(1) 0.2 mLチューブ内で，RNA変性溶液14.5 μLとRNA溶液5.5 μL（前ページの手順23で得た溶液）を混合する．
(2) 65℃で15分間加熱する．
(3) チューブを氷中で急冷する．
(4) スピンダウンして混合液をチューブ底に集める．
(5) 色素溶液2 μLを加え混合後，混合液10 μLをホルムアルデヒド含有変性ゲルにアプライする．
(6) 電気泳動終了後，エチジウムブロマイドで染色し，超純水で一晩振とうした後，UVトランスイルミネーターにてRNAを検出する．（TAが行う．検出結果を後日Moodleにアップロードする）

* RNA溶液の残りは2日目に使用するので，廃棄せずにチューブを必ずTAに渡すこと．
* 各チューブのフタに班番号および，LPS処理有無を明記していることを確認すること．

2日目

13. 培養細胞からの RNA 抽出，RT-PCR による遺伝子発現解析，および TA クローニング

2. 課題 B　逆転写−ポリメラーゼ連鎖反応，TA クローニング

【2.1. はじめに】

　遺伝子発現を解析する方法は，ノーザンブロッティング法，RNase 保護法，逆転写−ポリメラーゼ連鎖反応（RT-PCR）法などがある．RT-PCR 法は，まず，逆転写酵素を用い RNA から cDNA を合成する．それを鋳型として，目的 cDNA に特異的配列をもつオリゴ DNA プライマーを用いて PCR によって目的 cDNA を増幅する方法である．本実習では，1 日目に調製した RNA を用いて逆転写反応を行い，合成される cDNA を鋳型として，LPS 処理により誘導される誘導型一酸化窒素合成酵素（inducible nitric oxide synthase, iNOS）と，常に細胞内で発現している解糖系酵素，グリセルアルデヒド 3 リン酸脱水素酵素（glyceraldehyde triphosphate dehydrogenase, GAPDH）にそれぞれ特異的なプライマーを用いる．標的遺伝子に由来する PCR 増幅産物の確認は，アガロースゲル電気泳動によって行う．

　分子生物学的実験の基礎的技術である「遺伝子クローニング」とは，特定の DNA 配列を分離することである．方法としては，種々の DNA を組み込んだプラスミドなどのベクターを導入した大腸菌から，特定の DNA 配列をもつ菌だけを分離（クローン化）する．Taq DNA ポリメラーゼを用いた PCR 反応によって合成された産物の末端には A が 1 塩基付加される．PCR 産物をプラスミドにクローニングする際，開環したプラスミドベクターの末端に T を 1 塩基付加したものを用いると，A と T が水素結合を作ることによって，平滑末端同士のライゲーションよりもクローニング効率が上がる（TA クローニング）．本実習では，PCR 産物の TA クローニングを行う．

【2.2. 実験方法】

[2.2.1. 材料・試薬・器具]

<u>器具</u>
マイクロピペッター，0.5 mL および 0.2 mL マイクロチューブ，サーマルサイクラー，電気泳動槽，小型遠心器，ボルテックス，温水槽，ガスバーナー，スプレッダー

<u>逆転写反応</u>
- 逆転写反応液（ヌクレオチド，ジチオスレイトール，逆転写酵素の混合液）
- ランダムプライマー
- 滅菌水
- RNA（1 日目に調製したもの）

<u>PCR</u>
- PCR 反応液（Taq DNA ポリメラーゼ，ヌクレオチド，特異的プライマーの混合液）
- cDNA（逆転写反応で合成したもの）
- 電気泳動関係：アガロース S，Tris-Acetate-EDTA（TAE）buffer，エチジウムブロマイド

第 2 部 応用編

TA クローニング
- TA クローニング溶液（ベクター・ライゲーション酵素の混合液）
- クローニング遺伝子断片
- コンピテント細胞（大腸菌 DH5α 株）
- SOC 培地
- X-gal を塗布したアンピシリン含有 LB 寒天培地

[2.2.2. 操作]
[2.2.2.1. 逆転写反応]
(1) 0.2 mL マイクロチューブに RNA 溶液 4 µL とランダムプライマー 2.5 µL を混合する．
(2) 70°C で 10 分間加熱し，すぐに氷冷．スピンダウン．
(3) 逆転写反応液 3.5 µL を加え，ピペッティングで混合．
(4) 酵素反応（30°C, 10 分間の後 42°C, 20 分間）．
(5) 反応停止（95°C, 5 分間），すぐに氷冷．スピンダウン．
(6) 超純水 20 µL を加える．

[2.2.2.2. PCR]
(1) 0.2 mL マイクロチューブに PCR 反応液 7 µL と cDNA 3 µL を加え，ピペッティングで混合．
(2) サーマルサイクラーで反応（95°C, 10 秒，55°C, 10 秒，72°C, 20 秒を 30 サイクル）．
  *PCR 反応中に次の作業で使用するアガロースゲルを作製する．
(3) PCR 反応液 5 µL をアガロースゲル電気泳動にて解析する．

※ PCR 増幅断片の確認（アガロースゲル電気泳動；二本鎖 DNA を未変性条件下で電気泳動を行う）
① 1.5% アガロースゲルの作製
  (1) 薬包紙にアガロース 375 mg を秤量し，三角フラスコに移す．
  (2) メスシリンダーで TAE バッファー 25 mL を測り，三角フラスコに加える．（1.5% ゲル）
  (3) ラップで口部を覆い，電子レンジで加熱しアガロースを完全に溶解させる．
  (4) 室温で静置し，約 70°C まで温度を下げ，ゲル型に流し込む．
  (5) コームを差し，室温に下がるまで静置する．

② 電気泳動
  (1) ゲルからコームを抜き，泳動槽にセットする．
  (2) 泳動槽に，ゲルが完全に浸るまで TAE バッファーを加える．
  (3) PCR 増幅産物 5 µL をゲルにアプライする．
  (4) 泳動後，エチジウムブロマイドで染色する．（TA が行う．検出結果を後日 Moodle

13. 培養細胞からのRNA抽出，RT-PCRによる遺伝子発現解析，およびTAクローニング

にアップロードする）

[2.2.2.3. TAクローニング]
<u>ライゲーション反応</u>
(1) 0.2 mLマイクロチューブにTAクローニング溶液3 μL，クローニング遺伝子断片2 μLを加え，ピペッティングで混合．（ライゲーション反応液）
   * ボルテックス等による激しい撹拌は避ける．温度が上がらないように，氷上で行う．
   * クローニング遺伝子断片は各班4種類あるので，それぞれ別に作業を行うこと．
(2) 16°Cで10分間インキュベートする．

<u>大腸菌の形質転換</u>
(1) コンピテント細胞を液体窒素より出し，指で軽くあたためて，半融解までゆっくりと融解する．
   * コンピテント細胞は，機械的刺激・温度上昇に弱いので，丁寧に扱うこと．
(2) 2 mLチューブにライゲーション反応液5 μLとコンピテント細胞10 μLを加え，軽くタッピングし，混合する．
(3) 氷上で30分間インキュベートする．
(4) 42°Cで正確に45秒間インキュベートする．すぐに氷上に移し，急冷する．
(5) SOC培地270 μLを加える．
(6) 37°Cで30分間振とう培養する．（培養液）
(7) X-galを塗布したアンピシリン含有LB寒天培地に，培養液100 μLを播した後，寒天培地を37°Cで一晩インキュベートする．
(8) 形成された白色コロニーと青色コロニーをカウントし，全コロニー数に対する白色，青色コロニーの割合（%）をそれぞれ算出する．（3日目に行う）

3日目
3. 課題C　制限酵素処理によるクローニングした遺伝子の確認
【3.1. はじめに】

　遺伝子クローニングを行った場合，目的の遺伝子を組み込んだプラスミドを導入した菌だけを分離する必要がある．このためには，大腸菌を溶菌してプラスミドDNAをできるだけ多く回収することに加えて，そこに含まれる不純物をできるだけ少なくする必要がある．本実習では，アルカリ－SDS法を用いて大腸菌からのプラスミド抽出を行った後，アルコール沈殿によるプラスミドの精製を行う．

　制限酵素は，2本鎖DNAの特定の塩基配列を認識して結合し，切断する．遺伝子クローニングに使用したプラスミドおよび，目的の遺伝子の組み合わせによるDNA配列を認識する制限酵素を用いることで，目的遺伝子のクローニングの成否を確認することが可能である．本実習では，大腸菌より抽出・精製したプラスミドについて制限酵素処理を行い，その生成DNA

断片をアガロースゲル電気泳動にて解析する．

【3.2. 実験方法】
[3.2.1. 材料・試薬・器具]
器具
ヒートブロック，小型遠心器，ボルテックス，マイクロピペッター，電気泳動槽　等

試薬
- アルカリ SDS 法・アルコール沈殿によるプラスミド抽出・精製
  - Solution I：50 mM Glucose, 25 mM Tris-HCl, 10 mM EDTA（pH8.0），10 μg/mL Rnase A
  - Solution II：0.2 M NaOH, 1% SDS
  - Solution III：5 M 酢酸, 3 M カリウム
  - イソプロパノール
  - 70% エタノール
  - 超純水
- 制限酵素処理
  - 制限酵素溶液（制限酵素と緩衝液の混合液）
  - 色素（6x Loading buffer triple dye）
  - 超純水
  - アガロース S
  - TAE バッファー

[3.2.2. 操作]
[3.2.2.1. アルカリ SDS 法・アルコール沈殿によるプラスミド抽出・精製]
(1) 大腸菌培養液を 1.5 mL マイクロチューブに回収する．
(2) 遠心（10,000 回転, 室温, 2 分間）し，大腸菌を集菌する．
(3) 遠心上清をデカンテーションでガラスビーカーに除去する．
   ＊遺伝子組み換え体であるため，流しに捨ててはいけません．
(4) チューブに Solution I 100 μL を加え，ボルテックスミキサーで完全に混合する．
(5) チューブに Solution II 200 μL を加え，2～3 回上下反転にて混合する．
(6) 氷上で 2 分間静置する．
(7) チューブに Solution III 150 μL を加え，上下反転にて完全に混合する．
(8) 氷上で 5 分間静置する．
(9) 遠心（15,000 回転, 室温, 10 分間）．
(10) 遠心上清 300 μL を別 1.5 mL マイクロチューブに回収する．沈殿を含むチューブは廃棄する．
(11) 回収した上清にイソプロパノール 300 μL を加え，ボルテックスミキサーで完全に混合す

13. 培養細胞からの RNA 抽出，RT-PCR による遺伝子発現解析，および TA クローニング

る．
(12) 氷上で 2 分間静置する．
(13) 遠心（15,000 回転, 室温, 10 分間）．
(14) 遠心上清をデカンテーションで除去する．
(15) 沈殿物に 70% エタノール 400 μL を加え，2～3 回上下反転にて混合する．
(16) 遠心（15,000 回転, 室温, 2 分間）．
(17) デカンテーションにて遠心上清を捨て，清潔なキムワイプの上にチューブを逆さまにして風乾する．
(18) 沈殿物に超純水 30 μL を加え，ピペッティングで完全に溶解する．（精製プラスミド溶液）

[3.2.2.2. 制限酵素処理]
(1) 0.2 mL チューブにて，精製プラスミド溶液 10 μL と制限酵素溶液 5 μL を混合する．
   *制限酵素処理なしサンプルには，超純水 5 μL を加える．
(2) 37℃ で 60 分間インキュベートする．（制限酵素反応液）
(3) アガロースゲル電気泳動を用いて，制限酵素処理による DNA 断片の生成を確認する．
   ① 2% アガロースゲルの作製
      (1) 薬包紙にアガロース S 500 mg を秤量し，三角フラスコに移す．
      (2) メスシリンダーで TAE バッファー 25 mL を測り，三角フラスコに加える．
      (3) ラップで口部を覆い，電子レンジで加熱しアガロースを完全に溶解させる．
      (4) 室温で静置し，約 70℃ まで温度を下げ，ゲル型に流し込む．
      (5) コームを差し，室温に下がるまで静置する．
   ② 電気泳動
      (1) ゲルからコームを抜き，泳動槽にセットする．
      (2) 泳動槽に，ゲルが完全に浸るまで TAE バッファーを加える．
      (3) 制限酵素反応液に色素 3 μL を加え，全量をゲルにアプライする．
      (4) 泳動後，エチジウムブロマイドで染色する．（TA が行う．検出結果を後日 Moodle にアップロードする）

4 日目
4. 課題 D 組換えタンパク質の産生とアミノ酸変動の解析
【4.1 はじめに】
　遺伝子組換え技術を用いて，大腸菌内で異種生物由来の遺伝子を発現させ，組換えタンパク質を産生することができる．大腸菌内で組換えたんぱく質を強制的に発現させると，細胞内でのアミノ酸がタンパク質合成に使われるため，細胞内アミノ酸量が変動すると考えられる．
　近年，質量分析装置を用いて，生体内低分子量化合物（核酸，アミノ酸，脂質，糖，有機酸など）を網羅的に解析するメタボローム解析の技術が進歩してきている．本実習では，高速液

体クロマトグラフィー-タンデム型質量分析装置 (HPLC-MS/MS) を用いた多重反応モニタリング (MRM) 法にて, 組換えタンパク質の発現誘導による大腸菌内アミノ酸レベルの変動を解析する. 実際の実験操作を通じて質量分析装置, メタボローム解析の原理を理解することを目的とする.

【4.2. 実験方法】
[4.2.1. 材料・試薬・器具]
器具
小型遠心器, ボルテックス, マイクロピペッター, 電気泳動槽, 質量分析装置
組換えタンパク質の発現
- GAPDH 遺伝子を導入した大腸菌
- カナマイシン含有 LB 液体培地
- イソプロピル-β-チオガラクトピラノシド (IPTG) 溶液
- SDS 化試薬
- SDS-ポリアクリルアミドゲル電気泳動関連試薬

アミノ酸の定量
- 80% メタノール
- 0.1% ギ酸

[4.2.2. 操作]
[4.2.2.1. 組換えタンパク質の発現]
(1) ラット GAPDH 遺伝子を導入した大腸菌を通夜, 37°C で振とう培養する.
(2) カナマイシン含有 LB 液体培地 1.8 mL に培養液 0.2 mL を加える. 各班 2 本調製する.
(3) 37°C で 1 時間, 振とう培養する.
(4) 2 本のうちの 1 本に, IPTG 溶液 20 μL を加える.
(5) 37°C で 1 時間, 振とう培養する.
(6) 各培養液を, タンパク質解析用 (①) に 300 μL, アミノ酸解析用 (②) に培養液 1 mL それぞれ 1.5 mL マイクロチューブに回収する. チューブは合計で各班 4 本.
(7) 遠心 (10,000 回転, 室温, 2 分間).
(8) 遠心上清をデカンテーションでガラスビーカーに除去する.
　　＊遺伝子組換え体であるため, 流しに捨ててはいけません.
(9) 沈殿に氷冷した滅菌水 500 μL をそれぞれ加える.
(10) 遠心 (10,000 回転, 室温, 2 分間).
(11) 遠心上清をデカンテーションでガラスビーカーに除去する.
　　＊遠心上清は全てガラスビーカーに回収する.
(12) 作業(9)-(11)をもう 1 回繰り返す.
　　① SDS-ポリアクリルアミドゲル電気泳動

13. 培養細胞からの RNA 抽出，RT-PCR による遺伝子発現解析，および TA クローニング

(1) 沈殿に SDS 化試薬 300 μL を加え，懸濁する．
(2) 100℃で 3 分間インキュベート．
(3) 超音波処理を行い，菌体を破砕する．
(4) SDS 化サンプル 20 μL をポリアクリルアミドゲルにアプライする．
(5) 電気泳動する．
(6) 染色液で染色する．（TA が行う．検出結果を後日 Moodle にアップロードする）

② アミノ酸の定量
(1) 沈殿に 80% メタノール 300 μL を加える．
(2) 超音波処理で菌体を破砕する．
(3) 遠心（15,000 回転, 室温, 5 分間）．
  * 以下の作業は TA が行うので，遠心が完了したチューブをそのまま TA に渡す．
(4) バイアルインサート中で上清 20 μL と 0.1% ギ酸 180 μL を混合する．
(5) HPLC–MS/MS に供する．
   HPLC・質量分析装置：Alliance e2695, Xevo TQD（Waters）
   カラム：Mightysil RP-18 2.0 × 50 mm（関東化学）
   カラムオーブン：40℃
   HPLC 移動相 A：0.1% ギ酸   HPLC 移動相 B：メタノール
   流速：0.3 mL/min
   グラジエント（% of B 液）：1 → 95（5 min）

表　MRM パラメーター

標的化合物	前駆イオン (m/z)	産物イオン (m/z)	Cone (V)	Colligion (V)
チロシン	182	136	25	15
トリプトファン	205	188	20	10
フェニルアラニン	166	120	25	15
アラニン	90	44	20	10

【5. レポートおよび課題】
(1) 遺伝子発現解析方法（ノーザンブロッティング法，RNase 保護法，RT-PCR）の原理を説明し，それぞれの長所，短所を説明せよ．
(2) Blue-White Selection の基本原理である α-相補性について述べよ．また，Blue-White Selection において確認される青いコロニーは，どのようなプラスミドをもつ可能性が考えられるかを述べよ．
(3) 大腸菌に対してのアンピシリンの作用機序を述べよ．
(4) IPTG による遺伝子発現誘導の原理を述べよ．
(5) HPLC–MS/MS 解析におけるイオン化抑制について説明せよ．また，イオン化抑制を補正

第 2 部　応用編

する方法を述べよ．

(6) 3 日目の TA クローニングに用いた遺伝子断片 4 種類 (A, B, C, D) は，3 種類の forward primer (F1, F2, F3) と 4 種類の reverse primer (R1, R2, R3, R4) をとある組み合わせで用いた PCR によって，1 種類の鋳型遺伝子から増幅した遺伝子断片である．遺伝子断片 A-D いずれか 1 つをそれぞれ導入したプラスミドを大腸菌から抽出・精製した後，3 種類の制限酵素 (EcoR I, Hind III, Xba I) を処理し，アガロースゲル電気泳動に供した結果を図 2 に示す．模範回答例（図 3）を参考に，鋳型遺伝子上の制限酵素 Hind III と Xba I の切断部位および，各 primer の結合位置，遺伝子断片 A-D の増幅に使用した primer の組み合わせを答えよ．ただし，鋳型遺伝子の全長を 1000 塩基対 (bp) とし，300 bp の断片は最上流（5′ 側）に位置することとする．制限酵素 Hind III および Xba I の切断部位は，鋳型遺伝子にそれぞれ 1 ヶ所のみ存在し，ベクターには存在しない．EcoR I 処理により，ベクターの 2 ヶ所が切断され，導入した遺伝子断片がそのまま切り出されるが，導入した遺伝子断片は切断されない．forward primer は 5′ 側から，reverse primer は 3′ 側から数えてそれぞれ F1-3, R1-4 とし，F1 と R1 はそれぞれ鋳型遺伝子の 5′ 側末端と 3′ 側末端に結合するものとする．

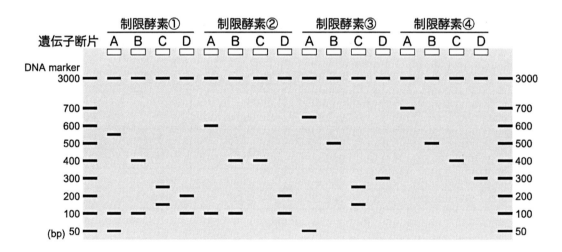

図 2　制限酵素処理プラスミドのアガロースゲル電気泳動結果

制限酵素条件①：EcoR I + Hind III + Xba I，制限酵素条件②：EcoR I + Hind III，
制限酵素条件③：EcoR I + Xba I，制限酵素条件④：EcoR I のみ

13. 培養細胞からの RNA 抽出，RT-PCR による遺伝子発現解析，および TA クローニング

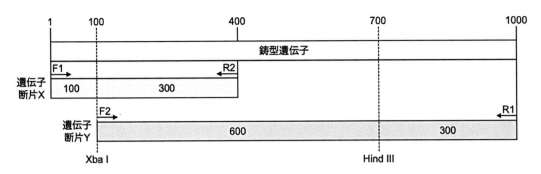

図3　模範回答例

14. 動物細胞の増殖と細胞死の解析

【1．実験スケジュール】

1日目：細胞の培養
2日目：細胞増殖の測定
3日目：細胞死の測定

【2．事前の注意事項】

白衣の着用

【3．実験の背景・原理・目的】

　正常な組織では，周りの状況により細胞の増殖が厳密にコントロールされていて，必要な場合にのみ増殖因子のシグナルによって細胞は増殖する．一方，がん細胞では増殖因子のシグナルが常に活性化されている，あるいは増殖を停止する機構が破綻しているため，細胞が増殖し続ける．今回の実習では，脳腫瘍の中でも最も悪性度の高い神経膠芽腫の細胞を培養し，細胞の増殖と細胞死を測定する手法を習得するとともに，がん細胞の特性を解析する一連の流れを理解することをめざす．

【4．実験方法】

[4.1. 材料・試薬・器具]
使用する細胞：U251 細胞
培養液：DMEM（ダルベッコ変法イーグル培地）+ 10% FBS（ウシ胎仔血清）
　　　　HEPES 含有グルコース不含 DMEM + 10% 透析 FBS
PBS（Phosphate buffered saline），0.25% Trypsin-EDTA/PBS
0.1% Tween 20 含有 PBS
細胞培養容器：48 well，96 well 細胞培養プレート，35 mm 細胞培養ディッシュ
細胞増殖測定用試薬：MTT（3-(4,5-Dimethyl-2-thiazolyl)-2,5-diphenyl-2H-tetrazolium bromide），

第 2 部 応用編

　　　0.04 N HCl 含有イソプロパノール
細胞死測定用試薬：LDH assay kit
試薬：Temozolomide（10 mM in H_2O），Glucose（500 mM in H_2O）
　　　N-acetyl cysteine（500 mM in H_2O）

[4.2. 操作]

1 日目
[4.2.1. 神経膠芽腫細胞の培養]
　細菌などの微生物による汚染を防ぐため，細胞の培養はクリーンベンチ内で無菌操作により行う．全て滅菌されたチップや容器を使用する．今回の実習では，U251 神経膠芽腫細胞を用いて，神経膠腫の治療でよく使用される抗がん剤の 1 つ，テモゾロミド（temozolomide）の細胞増殖への効果について検討する．テモゾロミドは，がん細胞の DNA をメチル化するアルキル化剤で，DNA 損傷を引き起こすことによって細胞増殖を抑制する．

(1) 35 mm dish にて培養した U251 細胞の培養液を取り除き，500 μL の PBS で 2 回洗浄後，500 μL の 0.25% Trypsin-EDTA/PBS で 5 分間静置する．
(2) Trypsin-EDTA/PBS で細胞をかき集め，遠心機により 3,000 rpm で 5 分間，遠心分離を行う．
(3) 遠心後の上清を取り除き，沈殿した細胞を培養液 1 mL にて懸濁する．
(4) 細胞の懸濁液をよく混ぜた後，10 μL を取り血球計算盤にて細胞数を数える．
(5) 5×10^3 cells/mL となるように細胞懸濁液を希釈し，96 well 細胞培養プレートに 100 μL/well となるように 6 well に加える．測定時のブランク用に培地のみの well を 1 well 作る．
(6) (5)で播種したうち，3 well には temozolomide（10 mM）を 1 μL，残りの well には H_2O を 1 μL それぞれ加える．
(7) 細胞が well の中で均一になるように細胞培養プレートを前後左右によくゆらした後，CO_2 インキュベーター内で培養する．細胞は 3 日後に一度，培地を交換し，6 日間培養する．

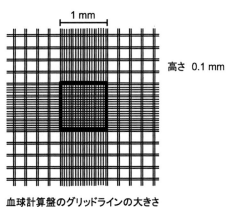

血球計算盤のグリッドラインの大きさ

2日目
[4.2.2. 細胞増殖の測定]

今回の実習で細胞増殖の測定に用いる MTT 法は，生細胞のミトコンドリアに存在する酸化還元酵素の活性を利用して細胞の生存率を比較する方法で，測定の手軽さ，安全性，再現性などの点から現在でも多くの研究室で利用されている．黄色のテトラゾリウム塩（3-(4,5-Dimethyl-2-thiazolyl)-2,5-diphenyl-2H-tetrazolium bromide，略して MTT）は，生細胞に含まれる酸化還元酵素によって紫色ホルマザン結晶に還元される．得られたホルマザン結晶は不溶性であるため，可溶化溶液を用いて溶解した後，プレートリーダーを使用して 595 nm の吸光度を測定する．ホルマザンの色素量は代謝活性のある生きた細胞数と比例するため，色素の吸光度を測定することにより細胞の生存率が比較できる．

(1) 96 well 細胞培養プレートにて培養した細胞の培養液中に MTT 溶液を 10 μL 添加し，3 時間 CO_2 インキュベーター内で培養する．
(2) 培養液を取り除き，0.04 N HCl 含有イソプロパノールを 100 μL 加えてホルマザン結晶を溶解させる．
(3) プレートリーダーにて 595 nm における吸光度を測定する．

[4.2.3. グルコース不含培地への交換]

がん細胞は正常な細胞と比べてグルコースに対する依存性が高く，まわりの環境からグルコースが欠乏するとすぐに細胞死を引き起こす．今回の実習では，神経膠芽腫細胞がグルコースの欠乏により細胞死が引き起こされること，さらには強力な還元作用を持つ N-acetyl cysteine の有無によって細胞生存性にどの程度影響するか検討を行う．細胞死の測定には，培地中に放出された乳酸デヒドロゲナーゼ（lactate dehydrogenase, LDH）の酵素活性を測定する方法を利用する．LDH は細胞質に存在する酵素で，通常は培地中に存在することはない．ところが，細胞が傷害を受けると LDH が細胞内から培地中に放出される．放出された LDH は安定であるため，放出された LDH の酵素活性の測定が，傷害を受けた細胞数を測る指標と

して広く利用されている．LDHの酵素活性の測定は，ニコチンアミドアデニンジヌクレオチド（NAD）を補酵素とした乳酸の脱水素化反応によって生成されたNADHによって，テトラゾリウム塩（WST）から還元されたホルマザンの量を，プレートリーダーを使用して490 nmの吸光度を測定することで行う．生成したホルマザンの量は，放出されたLDH活性に比例するため，色素の吸光度を測定することにより細胞死の割合が比較できる．

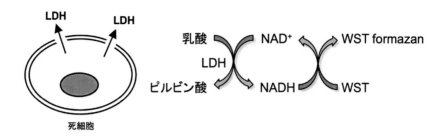

(1) 10%透析FBSを加えたHEPES含有グルコース不含DMEMを500 μLずつマイクロチューブ3本に取り，① 最終濃度5 mMになるようにグルコース（500 mM）を，② グルコースの代わりに等量のH_2Oを，③ 最終濃度5 mMになるようにN-acetyl cysteine（500 mM）を，それぞれ加える．

(2) 48 well細胞培養プレートにて培養した細胞の培養液を取り除き，150 μLのPBSで洗浄後，(1)で調整した培地をそれぞれ150 μL加える．

(3) プレートを37℃で一晩，インキュベートする．

3日目

[4.2.4. 細胞死の測定]

(1) U251細胞を培養した48 wellプレートの培地をチューブに移した後，0.1% Tween 20含有PBSを150 μL加えて37℃で30分間放置する．

(2) (1)でチューブに移した培地と，ウェルにある0.1% Tween 20含有PBSを，それぞれ25 μLずつ96 wellプレートに移す．測定時のブランク用に培地のみのwellを1 well作る．

(3) 各ウェルにLDH assay反応試薬を25 μLずつ加え，37℃で30分間放置する．

(4) 各ウェルにLDH assay反応停止薬を25 μLずつ加える．

(5) プレートリーダーにて490 nmにおける吸光度を測定する．

15. リポソームとハイドロゲルの調製

【実験スケジュール】

1日目：実験A リポソームの調製 – ゲルろ過の原理と脂質多重膜小胞（MLV）の調製 –
2日目：実験B コラーゲンゲルの調製と解析 – 細胞外マトリクスタンパク質の分子集合体 –
3日目：実験C アルギン酸カルシウムゲルの調製 – 多糖類と Ca^{2+} の相互作用による分子集合体 –

1日目
1. 実験A　リポソームの調製 – ゲルろ過の原理と脂質多重膜小胞（MLV）の調製 –
【1.1. 実験の背景・原理・目的】

　カラムクロマトグラフィーの一種である，ゲル濾過の原理を理解し，分子の大きさの違いによりタンパク質や生体膜成分などを低分子化合物から分離する方法について学ぶ．生体膜のモデルとして，水溶性物質を封入したリポソーム（リン脂質膜小胞）を調製する．人工的なモデル膜についての化学実験を通して生体膜についての理解を深める．ゲル濾過は慣例的に，生物化学分野ではgel filtrationと呼ばれ，高分子科学分野では分子浸透クロマトグラフィー GPC: gel permeation chromatographyと称する場合が多い．

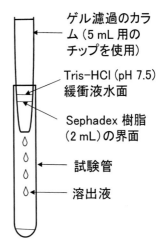

【1.2. 実験方法】
[1.2.1. 材料・試薬・器具]
　マイクロプレートリーダーなど

[1.2.2. カラムの準備]
　5.0 mL のdisposableマイクロピペッターチップ（白）をカラムの筒に用いてSephadex G-25（Medium）ミニカラムを作成する．操作手順はチップの先端近くに少量の脱脂綿（ピンセットでひとつまみ程度とり，マッチ棒の頭くらいに丸めたもの）を詰めて垂直に立て，10 mM Tris-HCl（pH 7.5）buffer（緩衝液）に懸濁したSephadex樹脂を入れて2.0 mLのカラ

第 2 部　応用編

ムを作製する．（今回は調製済みカラムを使用．）

[1.2.3. 高分子と低分子のカラムによる分離]
　blue-dextran（ブルーデキストラン，高分子量・青色），potassium ferricyanide（フェリシアン化カリウム，低分子量・黄色）を用いて，段階的溶出によりカラムのおよその Vo（void volume），Vt（total volume）を求める．以下の作業を行う際に，カラムの外から見える色の移動の様子を観察・記録する．

[1.2.3.1. 操作]
(1) buffer の自然落下によりカラムの樹脂上面に水相がほぼ無くなった状態のカラムを空の試験管上に立て，blue-dextran と potassium ferricyanide の混合液 0.2 mL を加える（筒内の片側に偏らないように気を付ける）．溶出液は試験管で受ける．
(2) blue-dextran の水溶液が樹脂にしみ込んで樹脂上面に液が無くなったら 0.5 mL buffer を加え，同様に自然落下で液が無くなるまで待つ．この段階までに約 0.7 mL が溶出して 1 本目の試験管に溜まる．
(3) 試験管を取り替えて，2 本目の試験管上のカラムにさ 0.25 mL buffer を加え，同様に自然落下させて，カラム上面に液が無くなるまで待ち，3 本目の試験官に取り換える．この操作を複数回繰り返して，複数の試験管に溶出液を取り分ける．<u>この段階で取り分けた各溶出液（＊1）は，後で吸光度を測定するので，捨てたり混ぜたりせずに机上に保存する</u>．
(4) (3)の操作で n 回目に最も濃い青色の水溶液が溶出してきたら，それまでに添加した溶液の総量から Vo = {(n × 0.25) + 0.7} mL を求める．
(5) <u>得られた吸光度を縦軸に</u>，<u>溶出液の容積を横軸に</u>取って，溶出パターンのグラフ（elution profile）を作成する．作成は実験後に行い，レポートに記載する．

[1.2.4. 脂質膜小胞と外液のカラムによる分離]
　リン脂質からなる膜小胞を調製し，カラムにより分離することで内部に色素を封入できたことを確認する．

[1.2.4.1. 操作]
(1) 大豆由来のリン脂質 L-α-phosphatidylcholine（別名 lecithin）10 mg を diethylether 等の有機溶媒に溶かして試験管内で乾燥させ，内壁に脂質層を作る．（今回は事前に調製済みの試料を用いる）
(2) potassium ferricyanide を含む buffer 1 mL を加え，時々かき混ぜながら 30 分程度放置して脂質を懸濁させる．この操作により脂質が水和・膨潤して試験管内壁から剥離し，脂質多重膜リポソーム小胞（LMV: large multi-lamellar vesicle）を形成する．
(3) LMV の懸濁液 0.2 mL をカラムに加えて，1.2.3.1.(2) と同じく 0.5 mL の buffer を流した後，1.2.3.1.(3) と同様の操作で，カラムからの溶出液を各試験管に取り分ける．<u>この段階</u>

で取り分けた各溶出液（＊2）は，後で吸光度を測定するので，捨てたり混ぜたりせずに机上に保存する．

　始めに溶出してくる Vo に相当する画分は，微かに濁りがある．この画分を集めると水溶性の色素である potassium ferricyanide を内部に封入した LMV が得られる．

(4) 先述の 1.2.3.1.(3) blue-dextran（波長 595 nm）と potassium ferricyanide（波長 450 nm）の分離の際の各試験管に分取した試料（＊1），および 1.2.4.1.(3) で分取した試料（＊2）の吸光度（波長 595 nm，および波長 450 nm）を測定する．

　測定の際には 96 well plate の well（穴）に，（各試料 50 µL + buffer 150 µL/well 程度の目安で希釈する．吸光度が 0.1 ～ 1.0 の間で測定できるのが望ましい．

(5) 得られた吸光度を縦軸に，溶出液の容積を横軸に取って，溶出パターンのグラフ（elution profile）を作成する．作成は実験後に行い，レポートに記載する．

2日目
2. 実験B　コラーゲンゲルの調製と解析－細胞外マトリクス蛋白質の分子集合体－
【2.1. 実験の背景・原理・目的】

　代表的な細胞外マトリクスタンパク質である Type I collagen 分子の自己集合能にもとづく線維化と，ハイドロゲルの形成を観察・測定する．さらに，水溶液の温度，疎水性相互作用に影響を与える両親媒性溶媒の添加，静電的相互作用に影響を与える塩の添加により，上記のゲル化の過程がどう変化するかを調べる．この実験を通してタンパク質の分子間やサブユニット間に働く分子間相互作用について考察できる．

　一般に，細胞外マトリクスや細胞骨格の多くは，分子の自己集合能により，線維とそのネットワーク構造を形成して剛性を増し，構造体として細胞や組織の形を規定する機能を持つタンパク質である．生物の階層性において1段階上の状態に変化すると解釈することもできる．

　コラーゲンの線維化・ハイドロゲルの形成反応は，無傷（intact）な Type I collagen 分子の集合能に依存する反応なので，タンパク質の変性や分子間相互作用の減少により阻害されることを理解することができる．

【2.2. 実験方法】
[2.2.1. 操作]
(1) 酸性（pH 3 程度）のコラーゲン水溶液 0.8 mL + 純水 0.2 mL を，様々な pH の 0.2 M 緩衝液各 1 mL ずつと混合して，0℃（氷上），25度（室温），37℃，において，形状の経時的な変化（白濁とゲル化）を観察する．粘度の高い溶液は混合し難いので，試験管をゆっくり振るなどして良く混ぜる．緩衝液としては，以下 A)～D)の4種類を用いる（調製時は発熱等に注意し，保護眼鏡着用）．また，溶液混合後の pH を，万能試験紙を用いて確認する．

　　A) 0.2 M 酢酸ナトリウム(pH 5)：氷冷下，NaOH 水溶液に酢酸を加えて調製．
　　B) 0.2 M Glycine-HCl(pH 3)：氷冷下，Glycine 水溶液に，HCl を加えて調製．

C) 0.2 M リン酸カリウム (pH 7)：0.2 M KH_2PO_4 / 0.2 M K_2HPO_4 を混合して調製.

D) 0.2 M Glycine-NaOH (pH 10)：氷冷下, Glycine 水溶液に, NaOH 水溶液を加えて調製.

(2) 上記の観察と併せて，濁度の経時的な変化（0, 5, 10, 30, 60 分後）を目視で観察して，その様子を記録する．

(3) 上記とほぼ同様の操作により，コラーゲン水溶液 0.8 mL + 純水 0.2 mL に，上記緩衝液の代わりに PBS (pH 7.4) を 1 mL 添加して 25℃でコラーゲンゲルを調製する．PBS (phosphate-buffered saline) とはリン酸緩衝液を含む生理的食塩水である．これを対照 (control) ゲル試料とするが，併せてこれに（最終濃度）10%（v/v）エタノール，10%（v/v）グリセロール，1 M NaCl[*1], 1 M 尿素，0.1% SDS, をそれぞれ添加した各試料を調製し，添加物の存在によりコラーゲンのゲル化速度がどう変化するかについても併せて検討する．

[*1]（NaCl (MW=58.44) は 粉末 0.116 g を秤量して試験管（コラーゲン水溶液 0.8 mL + 純水 0.2 mL + PBS 1 mL = 総液量 2 mL）に加える．これ以外の上記添加物については，上記の 10 倍濃度の各原液 0.2 mL を純水の代わりに加えれば良い．（コラーゲン水溶液 0.8 mL + PBS 1 mL に 0.2 mL 加える．）

(4) 調製したゲルの物性（取り出して指で触る，もしくは棒で押すなどして，ゲルの触感や硬さなどを調べる．）

(5) ゲルが生成した試料については，熱水中（80℃）で加熱して溶解することを確認する．

【2.3. 参考】

Type I collagen は分子量約 10 万の α1 サブユニットが 2 本，α2 サブユニットが 1 本，が 3 重らせんを播いており，水素結合などによりらせん構造が安定化されている．分子量が大きく細長い分子なので酸性 pH では透明で粘稠な水溶液となるが，中性 pH では電荷の変化によりタンパク質分子表面の疎水性が強く現れて自己集合（線維化）するため，半透明に白濁したハイドロゲルに変わる．線維化とは，多数のコラーゲン分子が約 1/4 分子鎖長（D-周期）ずつ，ずれながら縦に並ぶ過程である．太い線維ほど散乱光が多くなるので，線維化の程度は吸光度（濁度）でおよそ見積もることができる．

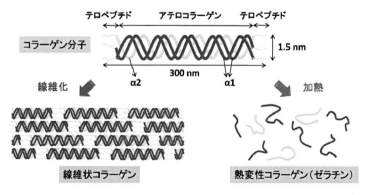

図 1　I 型コラーゲン（Type 1 Collagen）

細胞外マトリクスとして，動物の線維に多く含まれる線維タンパク質で，皮膚（真皮），腱，骨，靭帯などの結合組織を構成している主成分である．コラーゲンの分子は3つのサブユニットが会合した3重らせん構造をしており，さらに分子が集合して規則正しく配列して線維を作る性質がある．加熱により変性して3重らせん構造も線維構造も崩れ，ゼラチンとなる．

3日目
3. 実験C　アルギン酸カルシウムゲルの調製－多糖類とCa^{2+}の相互作用による分子集合体－
【3.1. 実験の背景・原理・目的】

多糖類には，分子間の結合により物理的架橋を形成して，水溶液からハイドロゲルを形成するものがいくつか知られている．アルギン酸は主に海産性の褐藻類に多く含まれ，α-L-gluronic acid（G：グルロン酸）とβ-D-mannuronic acid（M：マンヌロン酸）が1位と4位でグリコシド結合した直鎖状の酸性多糖類である．ナトリウムイオン（Na^+）の存在下では水溶性で，粘稠な水溶液となるが，カルシウムイオン（Ca^{2+}）を添加すると，不溶性で半透明のハイドロゲルとなる．このゲル化はCa^{2+}がGの解離したカルボキシ基（-COO^-）と結合してEgg-box junctionと呼ばれる構造を作るために起きる．本実験では，このアルギン酸カルシウムゲルを調製し，その物性を確かめ，イオン性の分子鎖間結合によるゲルの形成機構を理解する．

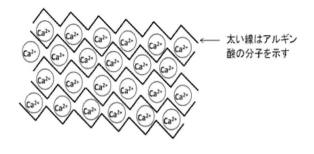

← 太い線はアルギン酸の分子を示す

【3.2. 実験方法】
[3.2.1. 材料・試薬・器具]
A）蒸留水（DW）
B）1%(w/v) アルギン酸ナトリウム（Na-alginate）
C）0.2 M 塩化カルシウム（$CaCl_2$）
D）0.2 M クエン酸ナトリウム（Na-citrate, pH 5）
E）0.2 M 酢酸ナトリウム（Na-acetate, pH 5）：氷冷 NaOH 水溶液に酢酸を加えて調製
F）0.2 M Glycine-HCl（pH 3）：氷冷下，Glycine 水溶液に，HCl を加えて調製．
G）0.2 M リン酸カリウム（pH 7）：0.2 M KH_2PO_4 / 0.2 M K_2HPO_4 を混合して調製．
H）0.2 M Glycine-NaOH（pH 10）：氷冷下，Glycine 水溶液に NaOH 水溶液を加えて調製．

[3.2.2. 操作]
(1) ガラス試験管に，C）液を 5 mL 取り，B）液を 0.5 mL マイクロピペッターに取り，C）液中にゆっくり滴下して，時々光にかざしながらアルギン酸カルシウムゲル粒子の生成を観察する．粒子の外観（透明度，色など），サイズ（粒子径），が時間経過に伴いどの様に変化するかを観察・記録する．0 分（調製直後），5 分，15 分，30 分後の様子を観察する．
(2) 調製したゲル粒子を試験管から取り出して手で触り，感触を確かめる．
(3) D），E），F），G），H）の各溶液を試験管に 2 mL ずつ取り，あらかじめ調製したゲル粒子を数個ずつ入れて，粒子の外観がどのように変化するかを観察・記録する．
(4) 他の物質を添加により，ゲル粒子が溶解するかどうかを検討する．下記 I）～M）の各物質を含む PBS を調製し，1～3 個程度のゲル粒子を入れて，0 分（調製直後），5 分，15 分，30 分後の様子を観察する．
    I）10%(v/v)エタノール
    J）10%(v/v)グリセロール
    K）1 M NaCl[*1]
    L）1 M 尿素
    M）0.1% SDS
    [*1] NaCl（MW=58.44）は粉末 0.116 g を秤量して総液量 2 mL に加える．これ以外については，上記の 10 倍濃度の各原液 0.2 mL を，1.8 mL の PBS（pH 7.4）に加える．
(5) 上記の(3)および(4)で溶解せずに残ったゲル粒子を含む試料について，試験管ごと熱水中（80℃）に入れ，湯浴にて 5～10 分間程度加熱する．ゲル粒子が加熱により溶解するかどうかを確認する．

【4．レポートおよび課題】
課題 1
(1) 実験結果の考察と共に，以下の 2 つの項目についても調べること．
    • ゲル濾過以外の方法で分子の大きさや分子量の違いで物質を分離するにはどのような方

法があるか．
- リン脂質膜小胞（リポソーム）にはどのような用途があるか．

課題2
(2) コラーゲン以外で，規則正しく配列して非共有結合により相互に結合し，線維を形成するものにはどのような種類のタンパク質があるか．

課題3
(3) アルギン酸ゲルの粒子の生成機構と，そのゲルの溶解性（どの条件で溶けたか，それはなぜか）について考察する．
(4) アルギン酸の利用形態や用途等について，どのようなものがあるか調べてまとめる．

16. 酵素の機能解析
（1）酵素基質の合成，反応速度論，酵素の阻害

【実験スケジュール】

1日目：実験1 酵素基質の合成：ジペプチドの合成，脱保護
2日目：実験1 酵素基質の合成：トリペプチドの合成
3日目：実験2 酵素反応速度論
4日目：実験3 酵素の阻害

【事前の注意事項】

1，2日目は計算機を，3日目以降には計算機とグラフ用紙を持参すること．
いずれも白衣を着用し，保護めがねをかけること（普通のめがねでも可）．

【実験の背景・原理・目的】

　本実験では，プロテアーゼを対象として酵素の解析を行う．プロテアーゼとは，ペプチド結合を加水分解するタンパク質分解酵素の総称である．プロテアーゼによる基質の分解反応を解析し，酵素研究のために必要な素地を身につける．(1)最初に，プロテアーゼに対する基質ペプチドを化学的に合成する（1・2日目）．(2)次に，プロテアーゼによるペプチドの分解反応を解析する（3日目）．(3)最後に，プロテアーゼ阻害剤を評価する（4日目）．

(1) **酵素基質の合成**　ペプチドの化学合成法には，液相法と固相法がある．液相法では，原料となるアミノ酸を溶媒に溶解して溶液内ですべての合成反応を行う．短鎖ペプチドの合成，あるいは大きいスケールでペプチドを合成する場合にこの液相法が用いられる．一方固相法は，不溶性の樹脂にアミノ酸をカップリングして，ペプチド鎖を伸長する合成方法である．これによりペプチド鎖の伸長反応が自動化され，本方法を開発したMerrifieldは1984年にノーベル化学賞を受賞している．本実験では，液相法を用いて短鎖ペプチド（トリペプチド）を合成する．

(2) **酵素反応速度論**　プロテアーゼとはペプチド結合を加水分解する酵素の総称である．今日までに作用機構が異なるプロテアーゼが数多く発見されており，基質特異性や分解活性機構の相違に基づいて分類されている．プロテアーゼの酵素活性測定法には，タンパク質を

第 2 部　応用編

基質とする方法と，合成ペプチドを基質とする方法に大別される．本課題では酵素の機能を解析する手法として，合成基質を用いた酵素活性測定法を修得する．(1)で合成した基質を使い，subtilisin 様セリンプロテアーゼであるプロレザー FG-F（天野エンザイム）の酵素活性を測定する．測定結果から，基質ペプチドに対するミカエリス定数（K_m 値）と最大速度（V_{max}）を決定する．

(3) **酵素の阻害**　酵素阻害剤は，酵素反応の触媒機構を調べるために利用されている．また，生細胞における酵素の生物学的な機能を調べるための分子ツールとして用いられる．さらに，様々な疾患の原因となっている酵素に対して，分子標的医薬品としても開発されている．ここではプロテアーゼ阻害剤を用いた酵素阻害活性試験を行い，阻害剤の阻害定数（K_i）を決定する．

これら(1)–(3)の一連の実験を通して，酵素の機能解析方法を修得する．

1 日目
実験 1. 酵素基質の合成

本実験では，プロテアーゼ活性測定のための合成基質として設計した 3 個のアミノ酸および発色色素からなるトリペプチド（Ac-Gly-L-Ala-L-Leu-pNA）を合成し，ペプチドの合成化学の基礎を学ぶ．まず，H-L-Leu-pNA と Boc-L-Ala-OH とからジペプチド（Boc-L-Ala-L-Leu-pNA）を合成し（図 1），脱保護（Boc 基の除去）した後（図 2），Ac-Gly-OH と縮合させトリペプチド Ac-Gly-L-Ala-L-Leu-pNA を合成する（図 3）．

【1.1. 実験方法】
[1.1.1. ジペプチドの合成]

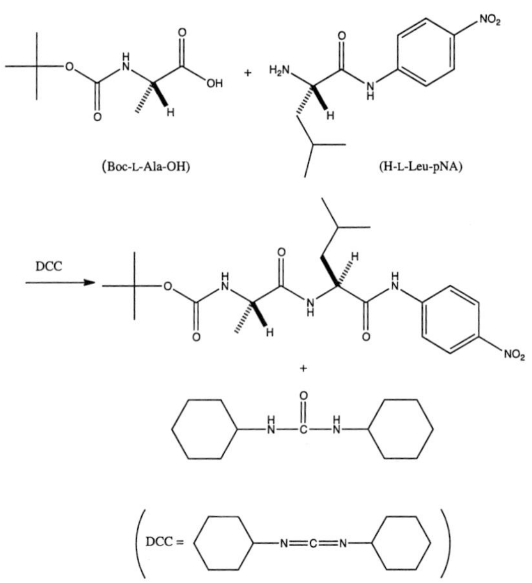

図 1　ジペプチド（Boc-L-Ala-L-Leu-pNA）の合成スキーム

16. 酵素の機能解析（1）酵素基質の合成，反応速度論，酵素の阻害

[1.1.1.1. 材料・試薬・器具]

　H-L-Leu-pNA, Boc-L-Ala-OH, Dicyclohexylcarbodiimide（DCC），Tetrahydrofuran（THF），酢酸エチル，ヘキサン，TLC用展開溶媒（1）（クロロホルム：メタノール：酢酸 = 9：1：0.1），10%クエン酸溶液，4%炭酸水素ナトリウム溶液，飽和食塩水，硫酸マグネシウム
　10 mL ナスフラスコ，50 mL ナスフラスコ，エバポレーター，TLC，分液ロート

[1.1.1.2. 操作]

(1) TLC展開槽にろ紙をセットし，展開溶媒（1）を入れる．
(2) 下記の試薬を 10 mL ナスフラスコに入れる．撹拌子をフラスコに入れ試薬をよく混合し，完全に溶解させる．
　　① H-L-Leu-pNA　　1.0 mmol，251 mg
　　② Boc-L-Ala-OH　　1.5 mmol，284 mg
　　③ THF　　　　　　2 mL
(3) 反応液を少量キャピラリーで取り，TLCで展開する（t = 0）．UV照射でスポットを確認する．
(4) 反応液にさらに以下の試薬を加え，完全に溶解させる．（反応液の様子をよく観察すること）
　　　DCC　1.5 mmol，310 mg
(5) 室温で撹拌子により撹拌混合し，反応させる．
(6) 5分後および1時間後に反応液を少量キャピラリーで取り，TLCで確認する（t = 5, 60 min）．反応が進行していることを確認後，次の操作に移る．
(7) 脱脂綿を詰めたパスツールピペットを用いて，この反応液をろ過する．ろ液を 50 mL のナスフラスコに受ける．
(8) 駒込ピペットで 5 mL の THF を取り，10 mL のナスフラスコ内を洗浄する．この洗浄液をパスツールピペット中の残渣に注ぐ．このとき，ろ液を先ほどのナスフラスコに受ける．
(9) ろ液をエバポレーターで 1 mL 以下に濃縮する．
(10) 15 mL の酢酸エチルをナスフラスコに加える．よく撹拌し，この溶液を 50 mL の分液ロートに移す．
(11) 数 mL の酢酸エチルをナスフラスコに加えて洗い，分液ロートに移す．
(12) 約 15 mL の 10% クエン酸溶液を加え，分液する．
(13) 約 15 mL の 4% 炭酸水素ナトリウム溶液を有機層に加え，分液する．
(14) 約 15 mL の飽和食塩水を有機層に加え，分液する．
(15) 有機層を三角フラスコに移したのち，数 mL の酢酸エチルで分液ロートを洗浄する．硫酸マグネシウムを用いて有機層を乾燥する．
(16) ひだ折りろ紙をロートにセットし，有機層をろ過する．ろ液を 50 mL ナスフラスコにうける．
(17) エバポレーターでろ液の溶媒を完全に留去する．
(18) 約 1 mL の酢酸エチルを残渣に加える．

(19) 20 mL のヘキサンを少しずつ加え，白色沈殿が生じるまで撹拌する．
(20) スパーテルで沈殿物をナスフラスコ内部よりはがし，パウダー状にする．
(21) 沈殿物をロートでろ取する．
(22) ろ取した沈殿物を風乾する．重量を測定し，収率を計算する．
(23) 結晶の一部を酢酸エチルに溶かし，純度を TLC で確認する．

[1.1.1.3. 参考]
* TLC 薄層クロマトグラフィー

チャンバーにろ紙をセットする（A）．液面が容器底面から高さが 3 mm 位になるように，展開溶媒を入れる．キャピラリーを使って，TLC プレート上にサンプルをスポットする．TLC プレートをチャンバーの中に入れ，ふたをして展開する（B）．展開溶媒がプレートの上辺から 5 mm 程度までに到達したら，ふたを開けてプレートを取り出し，溶媒の先端に印をつける．プレートを乾燥させる．（注意）展開溶媒は揮発性が高いので，チャンバーの開閉は手早く行う．

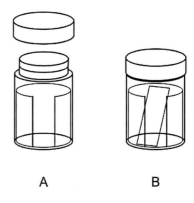

A   B

* R_f 値の求め方

R_f 値は TLC などで溶質を特徴づけるパラメーターで，次式で定義される．

R_f = b/a

    a: 原点と溶媒先端の距離
    b: 溶質の移動距離

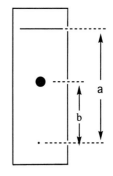

* 分液操作

分液ロートを使う前に，水でコックをぬらし，スリの部分をよく密着させる．溶液を混合する際には，分液ロートを逆さにしてコックの部分を手で押さえて，よく混合する（右図）．2～3 回振ったらガス抜きをする．下層を除くときは，下のコックを開けて溶液を取り出す．上層を取るときには，上のコックを開けて取り出す．（注意）分液をするときには必ず人のいない方向へ分液ロートを向けて行うこと．特にガス抜きをするときには，周りに注意して操作すること．溶液でぬれた場合には，安全な場所に分液ロートを立て，直ちによく洗浄すること．

[1.1.2. 脱保護（Boc 基の除去）]

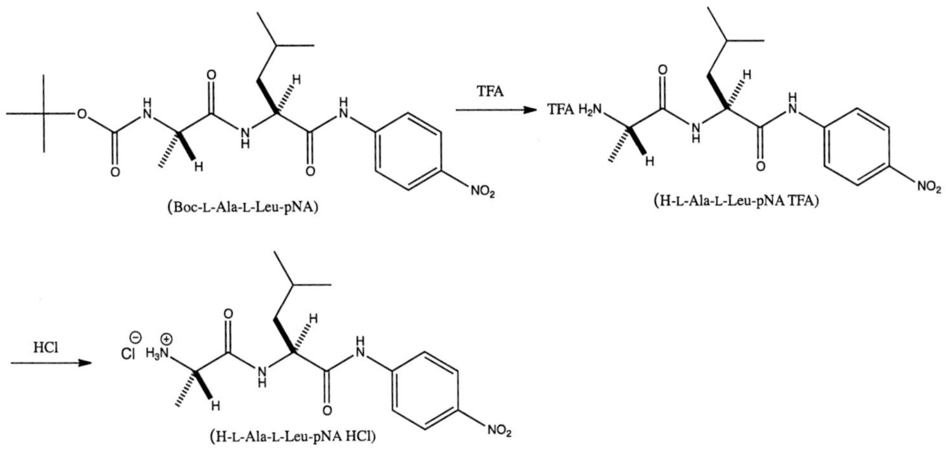

図2 ジペプチドの合成スキーム：脱保護（Boc 基の除去）

[1.1.2.1. 材料・試薬・器具]
Boc-L-Ala-L-Leu-pNA（前の実験で合成したもの），トリフルオロ酢酸（TFA），4 M HCl/酢酸エチル，ジエチルエーテル，TLC 用展開溶媒 (1)（クロロホルム：メタノール：酢酸 = 9：1：0.1）
50 mL ナスフラスコ，エバポレーター，TLC，分液ロート

[1.1.2.2. 操作]
(1) 合成によって得た全量のジペプチドを 50 mL ナスフラスコに入れる．
(2) ドラフト内で約 2 mL の TFA を加える．
　　注意　TFA は大変危険である．実験中に説明する注意事項をよく守って取り扱うこと！
(3) 適時攪拌しながら 30 分間放置する．TLC で反応を確認する（t = 30 min）．
(4) エバポレーターを使い，TFA を完全に留去する．
(5) ナスフラスコに 5 mL の酢酸エチルを加える．
(6) ジペプチドに対して 2 当量になるように 4 M HCl/酢酸エチルを加え，均一に混ぜる．
(7) 30 mL のジエチルエーテルをゆっくりと加え，沈殿を析出させる．
(8) スパーテルで沈殿物をナスフラスコ内面より剥がし，パウダー状にする．
(9) 桐山ロートで沈殿物をろ取し，少量のジエチルエーテルで洗浄する．ろ取した沈殿物を風乾する．
(10) 収量および収率を計算する．（ジペプチドをサンプル管で保存する）
　　（※ このジペプチドは塩酸塩として得られる．分子量の計算に注意すること）
(11) 結晶の一部を酢酸エチルに溶かし，純度を TLC で確認する．

2日目
[1.1.3. トリペプチドの合成]

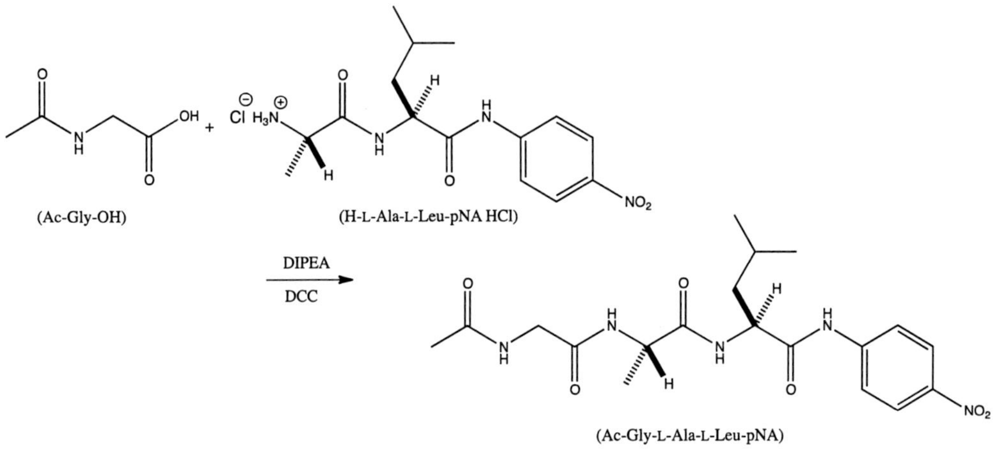

図3 トリペプチド (Ac-Gly-L-Ala-L-Leu-pNA) の合成スキーム

[1.1.3.1. 材料・試薬・器具]
- H-L-Ala-L-Leu-pNA HCl（前の実験で合成したもの），Ac-Gly-OH，DCC（Dicyclohexyl-carbodiimide），THF（tetrahydrofuran），1.0 M DIPEA in THF（N,N-diisopropylethylaminの1 M THF溶液），酢酸エチル，ヘキサン，TLC用展開溶媒（2）（クロロホルム：メタノール：酢酸 = 5：1：0.1），10% クエン酸溶液，4% 炭酸水素ナトリウム溶液，飽和食塩水，硫酸マグネシウム
- 10 mL ナスフラスコ，50 mL ナスフラスコ，サンプル管，エバポレーター，TLC，分液ロート

[1.1.3.2. 実験手順]
(1) 以下の試薬の使用量を計算する．
   ① H-L-Ala-L-Leu-pNA HCl ＿＿mmol, ＿＿mg （全量）
   ② DIPEA ＿＿mmol, ＿＿mL （1.0 当量）
   ③ Ac-Gly-OH ＿＿mmol, ＿＿mg （1.5 当量）
   ④ DCC ＿＿mmol, ＿＿mg （1.5 当量）
(2) 10 mL ナスフラスコに全量のジペプチドを入れ，1.0 M DIPEA in THF 溶液を1.0 当量分加える．
(3) サンプル管に計算量のAc-Gly-OHを入れ，1.0 mLのTHFでサンプル管を洗浄し，ナスフラスコに入れる．
(4) 手順(3)のサンプルをTLC（展開溶媒（2））で確認する．（t = 0 min）
(5) DCCを加えて，反応を開始する．室温で撹拌子により撹拌混合し，反応させる．
(6) 5分後および90分後の溶液をTLCで展開する（t = 5, 90 min）．反応が終了していることを確認後，次の操作に移る．

16. 酵素の機能解析（1）酵素基質の合成，反応速度論，酵素の阻害

(7) 脱脂綿を詰めたパスツールピペットで反応液をろ過する．ろ液を 50 mL のナスフラスコに受ける．
(8) 駒込ピペットで 5 mL の THF を取り，10 mL ナスフラスコ内を洗浄．洗浄液を残渣に注ぎ，ろ液を同じ 50 mL ナスフラスコに受ける．
(9) ろ液をエバポレータで 1 mL 以下に濃縮する．
(10) 濃縮した溶液を 15 mL の酢酸エチルで希釈し，100 mL 分液ロートに移す．
(11) 数 mL の酢酸エチルをナスフラスコに加えて洗浄し，この溶液も分液ロートに移す．
(12) 約 15 mL の 10% クエン酸溶液を加え，分液する．
(13) 約 15 mL の 4% 炭酸水素ナトリウム溶液を加え，分液する．
(14) 約 15 mL の飽和食塩水を加え，分液する．
(15) 有機層を三角フラスコに移し，硫酸マグネシウムを用いて乾燥する．※この時，分液ロートを数 mL の酢酸エチルを用いて洗浄し，三角フラスコへ移すことで，可能な限り合成ペプチドを回収する．
(16) ひだ折りろ紙をロートにセットして硫酸マグネシウムをろ別し，ろ液を 50 mL のナスフラスコにうける．ろ液をサンプリングし，TLC で確認する．
(17) エバポレーターを使って，ろ液の溶媒を完全に留去する．
(18) 残渣に約 1 mL の酢酸エチルを加え，懸濁させる．20 mL のヘキサンを加え，スパーテルで沈殿物をナスフラスコ内面より剥がし，パウダー状にする．
(19) 沈殿物をロートでろ取する．ろ取した沈殿物を風乾する．重量を測定し，収率を計算する．（目的物の分子量をあらかじめ計算しておくこと）
(20) 結晶の一部を酢酸エチルに溶かし，純度を TLC で確認する．

【1.2. 課題】
(1) 各 TLC の結果を Rf 値とともに示せ．また TLC の各スポットの物質を推定し，反応の進行具合を考察せよ．
(2) ジペプチドの合成の実験手順(6)およびトリペプチドの合成の実験手順(7)で除去される沈殿物は何か．理由とともに記せ．
(3) ジペプチドおよびトリペプチドの合成の分液操作において 10% クエン酸溶液，4% 炭酸水素ナトリウム溶液，飽和食塩水を用いた理由を述べよ．
(4) ペプチド合成の概略について述べよ．また，DCC の反応機構について図示せよ．

3日目
実験 2. 酵素反応速度論
　前回までに調製したトリペプチド基質を用いて，プロテアーゼの酵素活性を測定する．今回使用するプロテアーゼはプロレザー FG-F（天野エンザイム社製）で，subtilisin 様の酵素活性を示す．合成したペプチドの C 末端側には，*p*-nitroaniline が結合しており，ペプチド側が分解されると黄色を呈する（図 4）．この性質を利用して，415 nm の吸光度の変化を追跡するこ

第 2 部　応用編

とによって酵素反応を観測する．まず，基質トリペプチドの溶液を調製し UV スペクトロメーターを用いてその濃度を決定する．次に，濃度既知の p-nitroaniline の吸光度を測定することにより，検量線を作成する．この検量線を用いて酵素反応によって生じた p-nitroaniline の濃度の時間変化を測定し，プロテアーゼの K_m および V_{max} を決定する．

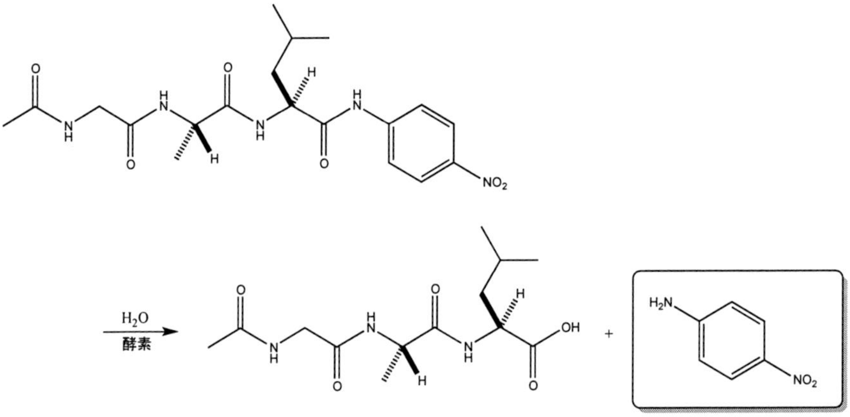

図 4　プロテアーゼによるトリペプチドの分解

【2.1. 実験方法】
[2.1.1. 基質ストック溶液の調製と濃度決定]
[2.1.1.1. 操作]

(1) 合成したトリペプチドのうち，0.1 mmol を 1.0 mL の DMSO に溶解して 1.5 mL マイクロチューブに入れて 13,000 rpm で 3 分間遠心する．上清の溶液をストック溶液 100 mM（仮）とする．

(2) 10 μL のストック溶液を 90 μL の DMSO で希釈し，10 mM（仮）溶液を調製する．990 μL の DMSO をガラスセルに入れ，測定波長 330 nm においてオートゼロ補正を行う．希釈した 10 μL の基質溶液（10 mM（仮））を加えてよく撹拌した後，330 nm における吸光度を測定する．

(3) Ac-Gly-L-Ala-L-Leu-pNA の 330 nm におけるモル吸光係数を $1.25 \times 10^4 \, M^{-1} \, cm^{-1}$ とし，ランバート・ベールの式 (1) を用いて，ストック溶液の濃度を決定する．

$$A = \varepsilon \cdot c \cdot l \tag{1}$$

A: 吸光度
ε: モル吸光係数（$M^{-1} \, cm^{-1}$）
l: 光路長（cm）
<u>ストック溶液の濃度　=　　　　　mM</u>

16. 酵素の機能解析（1）酵素基質の合成，反応速度論，酵素の阻害

[2.1.2. 加水分解生成物（p-nitroaniline）の検量線の作製]
[2.1.2.1. 材料・試薬・器具]
- 1.0 mM p-nitroaniline 溶液，酵素活性測定用緩衝液（0.1 M Tris-HCl pH 8.0, 5 mM $CaCl_2$, 0.005% Tween 20）
- プレートリーダー，ELISA 用プレート，マイクロピペッター，マイクロチューブ

[2.1.2.2. 操作]
(1) 7本のマイクロチューブに，1.0 mM p-nitroaniline 溶液と酵素活性測定用緩衝液を用いて，下表のとおり 500 μL の p-nitroaniline 溶液を調製する．そのために必要な 1.0 mM p-nitroaniline 溶液および酵素活性測定用緩衝液の量を下表に記入する．

p-nitroaniline 濃度 (μM)	10	20	30	40	50	60	70
1.0 mM p-nitroaniline 溶液 (μL)							
酵素活性測定用緩衝液 (μL)							
総量 (μL)	500	500	500	500	500	500	500

(2) 右図のとおり，ELISA 用プレートの各ウェルに，手順(1)で調製した溶液を入れる．一番上のウェルには，300 μL の酵素活性測定用緩衝液を入れる．続いて順番に，濃度の低いものから順番に，各ウェルに 300 μL の p-nitroaniline 溶液を入れる（次項参照）．これらの溶液について，プレートリーダーを波長 415 nm における吸光度を使って測定する．

○ 0
○ 10 μM
○ 20 μM
○ 30 μM
○ 40 μM
○ 50 μM
○ 60 μM
○ 70 μM

(3) 横軸に濃度，縦軸に吸光度をとり，グラフを作製する（次項参照）．グラフの傾きを a とする．

＊ここで作成した検量線は，プロテアーゼ活性阻害実験（4日目）でも使用する．

第 2 部　応用編

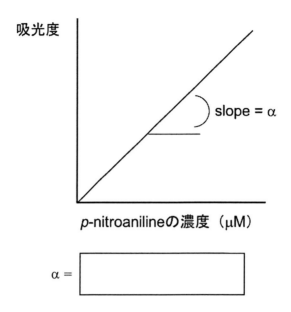

α = ☐

[2.1.3. プロテアーゼ活性の測定]
[2.1.3.1. 材料・試薬・器具]
- 前の実験で調製した基質（Ac-Gly-L-Ala-L-Leu-pNA）ストック溶液（<u>濃度 =　　mM</u>），DMSO (dimethylsulfoxide)，20 mg/mL 酵素溶液，酵素活性測定用緩衝液（0.1 M Tris-HCl pH 8.0, 5 mM $CaCl_2$, 0.005% Tween 20）
- プレートリーダー，ELISA 用プレート，マイクロピペッター，マイクロチューブ，遠心チューブ

[2.1.3.2. 操作]
(1) 前の実験で調製した基質溶液と DMSO を用いて，下表のとおり 500 μL の基質溶液を調製して，マイクロチューブに入れる．調製に必要な溶液量を下表に記入する．
　（注意）使用後も酵素反応の阻害実験で用いるため，かならず保存しておくこと．

基質の濃度 (mM)	4	6	9	15	30	60
基質溶液 (μL)						
DMSO (μL)						
総量 (μL)	100	100	100	100	100	100

16. 酵素の機能解析（1）酵素基質の合成，反応速度論，酵素の阻害

(2) 5 mLの酵素活性測定用緩衝に，5 μLの20 mg/mL酵素溶液を加え，転倒混和により十分撹拌して酵素溶液とする．
(3) ELISAプレートの各ウェルに6種の各基質溶液を3 μLずつ入れる．さらに147 μLの活性測定用緩衝液を添加する．あらかじめ，1本8ウェルのストリップに，1ウェルあたり200 μLの酵素溶液を分注し，マルチチャネルピペットを使い1ウェルあたり150 μLの酵素溶液を同時に加えたのち，ピペッティングにより撹拌し，酵素反応を開始する．
(4) 直ちにプレートリーダーにセットし，スタートさせる．このときの時間を0とする．
(5) 1分ごとの吸光度の値を測定する．測定は，波長415 nmで5分間行う．
(6) 吸光度 / a = 生成したp-nitroanilineの濃度（μM）となるので，横軸に時間，縦軸に生成物（p-nitroaniline）の濃度をプロットする．傾きが酵素反応の初速度となる．初速度の単位は，μM/min（1分間に得られる反応生成物の量）とする．
(7) (6)で得られた初速度からLineweaver-Burkの逆数プロットを作成し，K_mおよびV_{max}の値を求める．

[2.1.3.3. データの解析]
(1) 測定結果を以下の表にまとめよ．

（注意）反応溶液中の基質濃度は使用した基質DMSO溶液の濃度とは異なる．
　（例）6 mMの基質溶液（DMSO）を使用した場合，
　基質溶液3 μLを使用して，最終溶液量は300 μLとなる（基質溶液3 μL + 活性測定用緩衝液147 μL + 酵素希釈液150 μL = 300 μL）のでこの基質の最終濃度は，6 mM × 1/100 = 60 μM．

時間（分）	反応溶液の基質濃度 (S) (μM)					
	40	60	90	150	300	600
0						
1						
2						
3						
4						
5						

(2) 吸光度/ a = 生成したp-nitroanilineの濃度（μM）となるのでそれぞれの時間におけるp-nitroanilineの濃度（μM）を計算せよ．

第2部 応用編

	反応溶液の基質濃度 (S) (μM)					
時間（分）	40	60	90	150	300	600
0						
1						
2						
3						
4						
5						

(3) 横軸に時間，縦軸に p-nitroaniline の生成量をプロットせよ．またそれぞれの基質濃度における初速度を求めよ（傾き）．

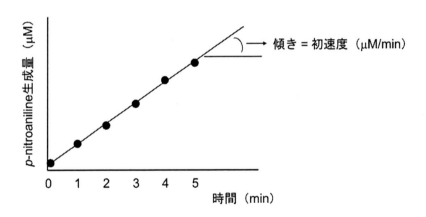

S (μM)	v (μM / min)
40	
60	
90	
150	
300	
600	

(4) (3) の結果から，1/S および 1/v を計算せよ．

1/S	1/v

(5) Lineweaver-Burk の逆数プロットを作成し，K_m および V_{max} の値を求めよ．それぞれの単位を忘れないこと．

$K_m =$

$V_{max} =$

【2.2 課題】

(1) 今回の合成基質を用いた活性測定法の利点を述べよ．
(2) 求めた K_m および V_{max} の値は，それぞれ本プロテアーゼのどういう特性を示しているのか説明せよ．
(3) プロテアーゼ活性測定方法について今回用いた方法以外にどのような方法があるか概説せよ．

【2.3. 参考】

＊Lineweaver-Burk の逆数プロットについて

$$E + S \underset{k_{-1}}{\overset{k_1}{\rightleftarrows}} ES \xrightarrow{k_{cat}} E + P$$

$$v = \frac{[E]_0[S]\,k_{cat}}{K_m + [S]} \qquad \text{Michaelis-Menten の式}$$

$$k_{cat}[E]_0 = V_{max}$$

$$\frac{1}{v} = \frac{1}{V_{max}} + \frac{K_m}{V_{max}[S]}$$

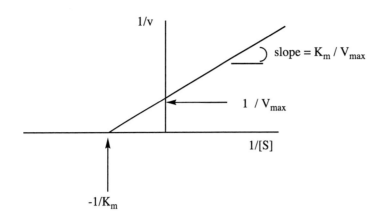

【2.4. 参考図書】
日本化学会編「新実験化学講座」丸善
日本分析化学会編「薄層クロマトグラフィー」共立出版
泉屋信夫他「ペプチド合成の基礎と実験」丸善
大野雅二編「酵素機能と精密有機合成」CMC
鶴大典・船津勝「生物化学実験法」学会出版センター
堀尾武一編「蛋白質・酵素の基礎実験法」南江堂
西澤一俊「新入門酵素化学」南江堂
日本生化学会編「新生化学実験講座」東京化学同人
堀越弘毅他「酵素　科学と工業」講談社
一島英二，小野寺一清編「新しい酵素研究法」東京化学同人
日本農芸化学会編「酵素」朝倉書店
赤堀史郎編「酵素研究法」朝倉書店

4日目
実験3. 酵素の阻害

　様々な物質が酵素と結合し，基質との結合に影響したり，反応速度を変えたりする．酵素の活性を減少させるような物質を阻害剤という．最近，薬剤として使われる物質の多くは酵素阻害剤である．たとえば，AIDSの治療に用いられるのはほとんどがウィルスの酵素のいずれかを阻害する医薬品である．

　今回の実験では，これまで使用してきたプロテアーゼであるプロレザーFG-F（天野エンザイム社製）を用いて阻害実験を行い，阻害定数（K_i）を決定する．実験に用いる阻害剤はロイペプチンと呼ばれるペプチド誘導体であり，プロテアーゼの触媒部位に結合する（図5）．ロイペプチンは末端にアルデヒドを有し，セリンプロテアーゼやシステインプロテアーゼを特異的に強く阻害する（図6）．

16. 酵素の機能解析（1）酵素基質の合成，反応速度論，酵素の阻害

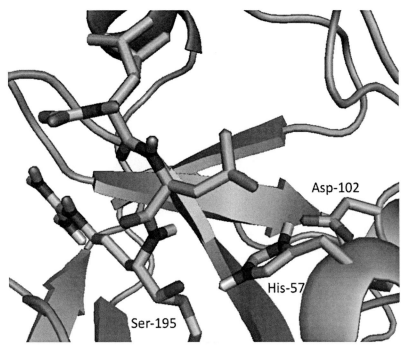

図5 ロイペプチンとプロテアーゼの結合様式

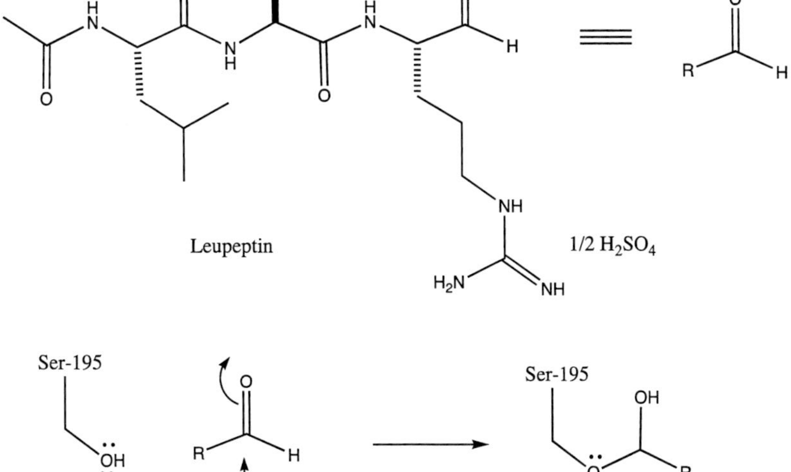

図6 ロイペプチンとプロテアーゼ阻害様式

【3.1. 実験方法】
[3.1.1. 材料・試薬・器具]
- ロイペプチン（分子量 475.6），酵素活性用緩衝液（0.1 M Tris-HCl pH 8.0，5 mM $CaCl_2$，0.005% Tween 20），基質（Ac-Gly-L-Ala-L-Leu-pNA）の DMSO 溶液
- プレートリーダー，ELISA 用プレート，マイクロピペッター，マイクロチューブ

[3.1.2. 操作]
※ p-nitoroaniline の検量線は実験 3 日目に作製したものを用いる．

※ 基質ペプチド（Ac-Gly-L-Ala-L-Leu-pNA）の DMSO 溶液は，酵素反応速度論の実験の際に作製したものを用いる．

(1) 阻害剤溶液を調製する．まず，20 μL の 117 mM ロイペプチン溶液を 20 μL の酵素活性用緩衝液と混合する．この溶液から 20 μL 抜き取り，新たに 20 μL の酵素活性用緩衝液と混合する．上記操作をさらに 2 回繰り返す．

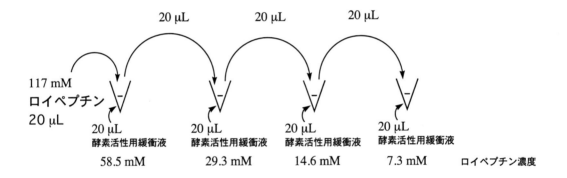

(2) 10 μL の酵素溶液（20 mg/mL）を 10 mL の酵素活性用緩衝液に加え，転倒混和により撹拌して酵素溶液とする．

(3) 990 μL の酵素溶液と 10 μL のロイペプチン溶液（阻害剤溶液）を混合する（58.5 mM，29.3 mM，14.6 mM，7.3 mM，0 mM）．※ 濃度 0 mM ロイペプチン溶液として，10 μL の酵素活性用緩衝液を用いる．

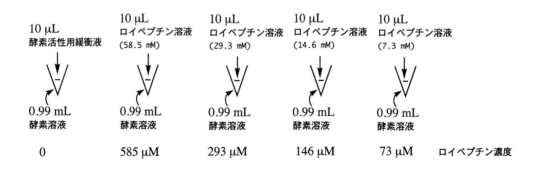

16. 酵素の機能解析（1）酵素基質の合成, 反応速度論, 酵素の阻害

(4) ELISA プレートのウェル (B1~F1, B2~F2) に 147 μL の活性測定用緩衝液を加える（①）. 次に, B1~F1 に 3 μL の 30 mM 基質溶液を入れる（②）. さらに, B2~F2 に 3 μL の 60 mM 基質溶液を入れる（③）.

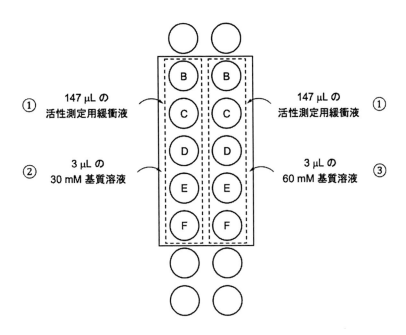

(5) 150 μL の酵素－阻害剤混合溶液を, マルチピペッターを用いて上記の基質溶液に加える.

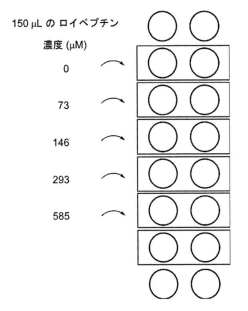

(6) 直ちにプレートをプレートリーダーにセットし，測定を開始する．このときの時間を 0 とする．
(7) 波長 415 nm における吸光度の値を 1 分ごとに測定する．5 分間測定する．
(8) 横軸に時間（分），縦軸に生成物（p-nitroaniline）の濃度（μM）をプロットする．吸光度／a = 生成した p-nitroaniline の濃度（μM）となる．傾きが酵素反応の初速度となる．このときの反応初速度の単位は，μM/min（1 分間に得られる反応生成物の量）とする．
(9) 各基質濃度（300 μM および 600 μM）について，阻害剤濃度（0，36.3 μM，73 μM，146 μM，293 μM）を変化させて求めた反応初速度の逆数を計算する．
(10) 各基質濃度（300 μM および 600 μM）について，横軸に阻害剤濃度，縦軸に反応初速度の逆数（1/v）をプロットする（Dixon プロット）．2 本の直線の交点より，阻害定数（K_i）を求める．

【3.2. データの解析】

(1) 測定結果を以下の表にまとめよ．

基質濃度 = 300 μM

	阻害剤濃度 (I) (μM)				
時間（分）	0	36.3	73	146	293
0					
1					
2					
3					
4					
5					

基質濃度 = 600 μM

	阻害剤濃度 (I) (μM)				
時間（分）	0	36.3	73	146	293
0					
1					
2					
3					
4					
5					

(2) 吸光度/ a = 生成した p-nitroaniline の濃度（μM）となるので，それぞれの時間における p-nitroaniline の濃度（μM）を計算せよ．

基質濃度 = 300 μM

時間（分）	阻害剤濃度 (I) (μM)				
	0	36.3	73	146	293
0					
1					
2					
3					
4					
5					

基質濃度 = 600 μM

時間（分）	阻害剤濃度 (I) (μM)				
	0	36.3	73	146	293
0					
1					
2					
3					
4					
5					

(3) 横軸に時間，縦軸に p-nitroaniline の生成量をプロットせよ．またそれぞれの阻害剤濃度における初速度を求めよ（傾き）．また，それぞれの阻害剤濃度における 1/v を計算せよ．

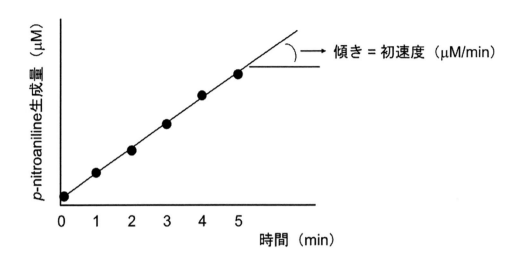

基質濃度 = 300 μM

I (μM)	v (μM/min)	1/v
0		
36.3		
73		
146		
293		

基質濃度 = 600 μM

I (μM)	v (μM/min)	1/v
0		
36.3		
73		
146		
293		

(4) それぞれの基質濃度について横軸に阻害剤最終濃度，縦軸に1/vをプロットし（Dixon Plot），2本の直線の交点より阻害定数（K_i）を決定せよ．阻害定数の単位に注意せよ．

$$K_i =$$

【3.3. 課題】
(1) 酵素の阻害様式を3つあげそれぞれ簡単に説明せよ．
(2) Dixonプロットの結果よりロイペプチンの阻害様式を判定せよ．
(3) 薬剤として用いられている阻害剤について調べて，その性質について述べよ．

【3.4. 参考】
※ Dixonプロットから阻害定数の求め方

K_iの正確な評価法としてよく用いられるのは，Dixonプロットである．この手法では，いくつかの阻害剤濃度$[I]_0$で，少なくとも2種類の基質濃度$[S]_0$において阻害実験を行い，それぞれについて初速度を求め，1/vを$[I]_0$に対してプロットする．Dixonプロットを描いたのが次の図である．2直線の交点がK_iを与える．

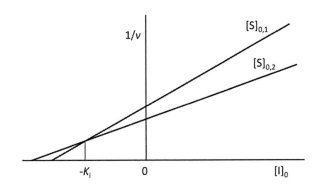

以下に拮抗阻害を例にとって，2直線の交点がK_iを与えることを証明する．

$$E + S \xrightleftharpoons{K_m} ES \xrightarrow{k_{cat}} E + P$$

$$E + I \xrightleftharpoons{K_i} EI$$

上記の式から，両逆数の形に変形すると，

$$\frac{1}{v} = \frac{1}{V_{max}} + \frac{K_m}{V_{max}[S]_0}\left(1 + \frac{[I]_0}{K_i}\right)$$

基質濃度が異なっても（$[S]_{0,1} < [S]_{0,2}$ とする），1 点で交わる（$[S]_{0,1}$ と $[S]_{0,2}$ について 1/v と $[I]_0$ 座標が両方で等しいのであるから，

$$\frac{1}{V_{max}} + \frac{K_m}{V_{max}[S]_{0,1}}\left(1 + \frac{[I]_0}{K_i}\right) = \frac{1}{V_{max}} + \frac{K_m}{V_{max}[S]_{0,2}}\left(1 + \frac{[I]_0}{K_i}\right)$$

よって

$$\frac{1}{[S]_{0,1}}\left(1 + \frac{[I]_0}{K_i}\right) = \frac{1}{[S]_{0,2}}\left(1 + \frac{[I]_0}{K_i}\right)$$

上式が成り立つのは，$[S]_{0,1} = [S]_{0,2}$ のときと $1 + [I]_0/K_i = 0$ のときであるから，今の場合前者は意味がなく，したがって，

$$1 + \frac{[I]_0}{K_i} = 0$$

$[I]_0 = -K_i$

【3.5. 参考図書】
大西正健著「酵素反応速度論実験入門」学会出版センター

【3.6. 付録】
略語表

Boc:	*t*-butoxycarbonyl（*t*-Boc）
DCC:	*N,N'*-dicyclohexylcarbodiimide
DMSO:	dimethylsulfoxide
pNA:	*p*-nitroanilide（4-nitroanilide）
THF:	tetrahydrofuran
TLC:	thin-layer chromatography
Tween 20:	polyoxylethylene sorbitan monolaurate

17. 酵素の機能解析
(2) pH 依存性と基質特異性

【実験スケジュール】

1 日目：実験 A 酵素反応の pH 依存性
2 日目：実験 B 酵素反応の基質特異性

【事前の注意事項】

- 1 日目はグラフ用紙（1 mm 方眼紙）を持参すること．
- 必ず白衣を着用し，保護めがねをかけること（普通のめがねでも可）．
- 試薬が手についたり，目に入ったりしないように注意する．
- 分光光度計などの機械類は水に弱い．測定時にサンプルをこぼさぬこと．
- グラフ用紙に実験結果をプロットすることも，本実習における重要な要素である．

【実験の背景・原理・目的】

　酵素は生理的条件という制約を受けながら化学触媒より何億倍も強力である．しかも，実験室内の有機反応がかなり強烈な条件下で行われるのに比べて，酵素反応は水溶液中，生理的 pH，普通の温度と圧力，という温和な条件下で進む．酵素活性が最も高くなる pH を至適 pH，酵素が最もはたらく温度を至適温度という．これらの性質により，酵素は生体が置かれた環境において機能が最大に発揮される．一方，次図のように基質の形状と酵素の活性部位の形状が「カギ」と「カギ穴」の関係にあり，基質と形に当てはまる物質のみを触媒する．これは普通の化学触媒では極めて稀なことである．このような酵素の基質特異性により，生体はエネルギーを無駄に消費することなく，また，無用の副産物で汚染されることから逃れている．
　このように，酵素は特定の環境において，複雑な化学反応を効率よく進める役割を果たしている．
　本実習では，セリンプロテアーゼを題材として，酵素の機能のうち，pH 依存性（1 日目）および基質特異性（2 日目）について学ぶ．

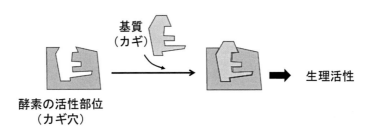

1日目
1. 実験A　酵素反応のpH依存性
【1.1. 実験方法】
　本実験では，あるセリンプロテアーゼについてpH依存性を調べる．pH 4.4 〜 11.0における酵素活性として，酵素反応によりパラニトロアニリン化（pNA）基質ペプチドから遊離するpNAの生成量を吸光度（λ = 415 nm）で調べる．

[1.1.1. 材料・試薬・器具]
- 酵素活性用緩衝液 17 種（0.1 M buffer, 2 mM $CaCl_2$, 0.005% Tween 80）
    pH 4.4, 5.0, 5.6: Acetate buffer
    pH 5.6, 6.2, 6.8: MES buffer
    pH 6.8, 7.4, 8.0: HEPES buffer
    pH 8.0, 8.6, 9.2: Tris-HCl buffer
    pH 9.2, 9.8, 10.4: Glycine buffer
    pH 10.4, 11.0: CAPS buffer

- 20 mg/mL プロテアーゼ溶液
- 50 mM pNA化基質ペプチドDMSO溶液（*pNA; *p*-nitroaniline）
- 100 mM H_2SO_4
- 分光光度計，キュベットセル，マイクロピペッター，マイクロチューブ，チューブラック，キムワイプ，蒸留水（洗浄用），タイマー，グラフ用紙，マジックペン

17. 酵素の機能解析（2）pH 依存性と基質特異性

[1.1.2. 操作]

(1) pNA 化基質ペプチド溶液の希釈

17 本のマイクロテストチューブ（pH が見分けられるようにラベルする）に，各々 3 μL の基質ペプチド DMSO 溶液を入れる．そこに各 pH に調整された緩衝液 17 種をそれぞれ 247 μL 加え，良く撹拌したあと，卓上遠心機でスピンダウンしておく．

(2) プロテアーゼ溶液の希釈

(1) とは別の 17 本のマイクロテストチューブ（pH ラベル）に，20 mg/mL プロテアーゼ溶液 5 μL を入れる．そこに緩衝液 17 種をそれぞれ 245 μL 加える．5 分間以上静置する．

(3) 反応開始

ラベルした pH を確認しながら，(1) で調製した希釈液チューブ全量に (2) で調製したプロテアーゼ溶液を全量加え，室温で 20 分間反応させる（どのチューブも正確に時間を計ること）．タイマーを見ながら，30 秒おきに 1 本ずつ開始させるとよい．

(4) 反応停止

反応開始から正確に 20 分間経過したら，0.1 M H_2SO_4 溶液 500 μL を加えて反応を順次停止させる．

(5) 吸光度測定

各溶液をキュベットセルに入れて，415 nm の波長の吸光度を測定する．測定後，溶液はチューブに戻す．＊ゼロ点補正は 2 つのフォルダに蒸留水をセットして行う．

Acetate (pH)			MES (pH)			HEPES (pH)		
4.4	5.0	5.6	5.6	6.2	6.8	6.8	7.4	8.0

Tris-HCl (pH)			Glycine (pH)			CAPS (pH)	
8.0	8.6	9.2	9.2	9.8	10.4	10.4	11.0

(6) 至適 pH の決定

横軸に pH，縦軸に吸光度をとり，グラフ用紙にプロットして至適 pH を推定する．

(7) あとかたづけ

キュベットセルは吸光度計のそばのラックに置いておく．その他のプラスチック類は専用の回収袋に捨てる．その他，何かを廃棄する際には教員あるいは TA の指示に従うこと．

【1.2. 課題】

(1) バッファーに使用した化合物は 6 種類である．その理由を説明しなさい．

(2) 同じpHでもバッファーの種類によって活性値が異なる場合がある．その理由を考察しなさい．

2日目
2. 実験B　酵素反応の基質特異性
【2.1. 実験1 セリンプロテアーゼの基質特異性】
　セリンプロテアーゼであるプロレザーFG-F（スブチリシン様），トリプシン，キモトリプシン，エラスターゼは，ペプチド結合カルボニル側のアミノ酸（P1）側鎖（R）がS1ポケットに適合した場合のみに，そのペプチド結合を切断する．つまり，これら4種のセリンプロテアーゼは活性中心（Ser-His-Asp）近傍にあるS1ポケットの大きさ，形状および性状によって，特異的なアミノ酸を認識してタンパク質を加水分解する．この実験では，プロレザーFG-F（スブチリシン様），トリプシン，キモトリプシン，エラスターゼの4種に対して，それぞれP1にチロシン，アラニン，ロイシン，アルギニンをもつ基質ペプチド（①〜④）を反応させて，生化学的にそれぞれの基質特異性を調べる．

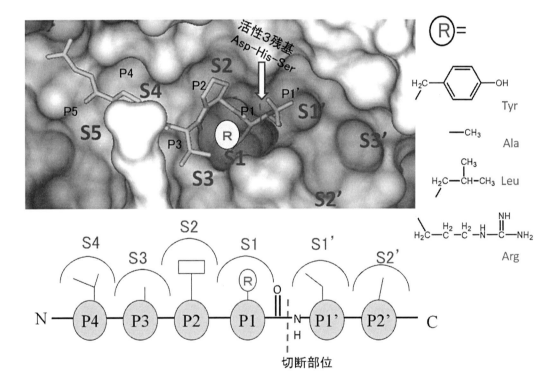

【2.1.1. 実験方法】
[2.1.1.1. 材料・試薬・器具]
・酵素反応用緩衝液
　　0.1 M Tris-HCl pH8.0, 2 mM $CaCl_2$, 0.005% Tween 80

- セリンプロテアーゼ溶液（4種）
    20 mg/mL プロレザー FG-F
    20 mg/mL トリプシン
    20 mg/mL キモトリプシン
    20 mg/mL エラスターゼ
- pNA化基質ペプチド溶液（4種）
    ① 1 mM Boc-Ala-Leu-pNA
    ② 1 mM Bz-Arg-pNA/HCl
    ③ 1 mM Bz-Tyr-pNA
    ④ 1 mM Suc-Ala-Ala-Ala-pNA
    *pNA: *p*-nitroaniline, Boc: *t*-butoxycarbonyl group, Bz: benzoyl group, Suc: succinyl group
- マイクロピペッター，マイクロテストチューブ，チューブラック，マジックペン

[2.1.1.2. 操作]
(1) 酵素溶液の希釈
    4本のマイクロテストチューブ（セリンプロテアーゼ名をラベル）に，配布した20 mg/mLのセリンプロテアーゼ溶液20 µLと酵素反応用緩衝液180 µLを加える．
(2) 反応開始
    16本のマイクロテストチューブ（プロテアーゼ4種×基質4種）を準備してラベリングする．それぞれの組み合わせを間違わないように注意しながら，pNA化基質ペプチド溶液20 µLと(1)で希釈したセリンプロテアーゼ溶液20 µLを加えて，室温で反応させる（反応が遅い場合には37℃）．
(3) 反応の観察
    pNA遊離に起因する反応液の色変化を10分後と60分後に観察し，下の表に結果を記入する．

	基質① (Leu)	基質② (Arg)	基質③ (Tyr)	基質④ (Ala)
FG-F （スブチリシン様）				
トリプシン				
キモトリプシン				
エラスターゼ				

【2.2. 実験2 セリンプロテアーゼの基質認識機構】

セリンプロテアーゼであるプロレザー FG-F（スブチリシン様），トリプシン，キモトリプシン，エラスターゼは，基質のP1側鎖が活性セリン近傍にあるS1ポケットに合致すると，P1の根元のペプチド結合を切断する．つまり，活性3残基（Ser-His-Asp）の近傍にあるS1ポケットの形状と性質を観察すれば，基質特異性を理解することができる．準備されているプロテアーゼA，B，C，Dの立体構造は，それぞれスブチリシン（FG-Fと同様の基質特異性），トリプシン，キモトリプシン，エラスターゼのいずれかである．ここでは，ノートパソコン上に立体構造を表示させてS1ポケットの構造の違いを調べるとともに，実験1で明らかにした基質特異性を参考にして，プロテアーゼA～Dを同定する．

【2.2.1. 実験方法】
[2.2.1.1 器具]
ノートパソコン，タンパク質表示ソフト ViewerLite

[2.2.1.2. 操作]
(1) プロテアーゼ構造の表示

デスクトップ上のフォルダに4つの構造が入ったファイル（4structures.pdb）がある．このファイルを ViewerLite のアイコンにドラッグして構造を表示する（4つとも重なって表示される）．メニューバーから Window/New Hierarchy window を選び，Hierarchy window を開く．この window から B～D をハイライトしたあと，メニューバーから View/Hide で非表示にする（Aのみ表示）．

(2) 活性アミノ酸の識別

プロテアーゼAの活性3残基（Ser, His, Asp）を見つけ，活性 Ser を赤色で表示する．ヒント：分子全体を眺めると溝のような構造が観測できる．その溝の真ん中に，これら3残基は並んで存在する．

(3) S1ポケットの調査

プロテアーゼAの分子表面を表示する（使い方(6)）．S1ポケットについて，その形状，大きさとポケットを構成しているアミノ酸など特徴を調べる．

(4) 4種のプロテアーゼの構造比較と同定

プロテアーゼB～Dについても同様の操作を行い，S1ポケットを比較する．ポケットの形状と構成アミノ酸からプロテアーゼA～Dを同定する．

【ViewerLite の使い方】

(1) ソフトの起動方法

構造ファイル（○○○.pdb）を ViewerLite のアイコンにドラッグする．

(2) 動かし方，拡大縮小

17. 酵素の機能解析（2）pH依存性と基質特異性

window左の回転，並進，拡大マークをクリックした後，左ボタンを押しながらマウスを動かすとそれぞれ機能する．

(3) 原子，アミノ酸，分子の選択

原子は分子グラフィックwindow上左クリック，アミノ酸は左ボタンをダブルクリックする（黄色ハイライトとなる）．分子はhierarchy window上でAなどを左クリックする．

(4) 表示の変更

window上の赤白のマークをクリックすると表示変更パレットが出てくる．

(5) 色の変更

変更したいアミノ酸を選択してハイライトし，表示変更パレット上で変更する．

(6) 分子表面の書き方

hierarchy windowで対象となるタンパク質部分を選択し，window上部からtool/surface/addで分子表面を表示させる．表面を選択して表示変更パレット上でdisplay styleをsolvent，coloring/customからタンパク質ごとに変更，transparentをチェックしてOKをクリックする．

(7) ファイル保存（イメージ）

ウインドウに表示されているイメージをjpg形式で保存する．File/save asでファイルの種類にjpgを選び，任意のファイル名をつけて保存する（携帯電話で画面の写真を撮っても可）．

(8) 2点間の距離（ポケットの大きさを測る）

測定する2点をハイライトして，tool/monitor/distanceを選ぶと表示される．

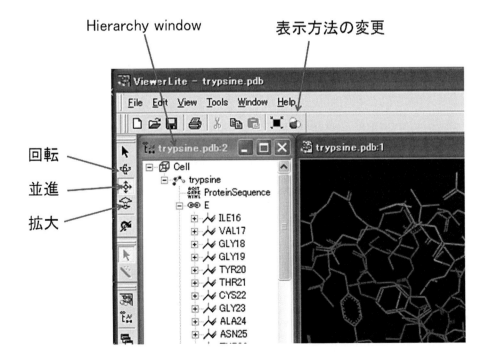

第2部　応用編

【レポートおよび課題】

　4種のプロテアーゼのうち，2種類以上の基質を消化するものがあれば答えよ．このようなことが起きる要因を構造化学的に説明しなさい．

18. タンパク質の立体構造とフォールディング

【1．実験スケジュール】

1日目：SDS ゲルの作製
2日目：オボアルブミンの Refolding 実験と電気泳動

【2．実習受講の際，各自で持参するもの】

白衣，油性のサインペン，実習テキスト，筆記用具，定規（15 cm 以上）

【3．実験の背景・原理・目的】

　タンパク質は，アミノ酸の重合体であるポリペプチド鎖が折りたたまれて（Folding）個性的な立体構造をとった機能を持つ生体高分子である．タンパク質の機能は立体構造に依存することから，タンパク質の立体構造解析はタンパク質の機能の解明につながり，果ては生命活動そのものの解明につながる．本実習では，オボアルブミンの Refolding 過程をトリプシン耐性で追跡し，Folding とはどのような現象かを理解する．また，正確なマイクロピペッター操作を要する煩雑な実験に慣れることも合わせて目標とする．

【4．実験方法】

1日目
【4.1. SDS ゲルの作製】
[4.1.1. 材料・試薬・器具]

- 1.5 M Tris-HCl buffer（pH 8.8），1 M Tris-HCl buffer（pH 6.8），30% Acrylamide-0.8% Bis（N,N'-メチレンビスアクリルアミド），10% APS（ペルオキソ二硫酸アンモニウム）水溶液，TEMED（テトラメチルエチレンジアミン），1% SDS 溶液
- クリップ：2個
- 泳動プレート：A, B それぞれ1枚
- コウム（クシ様の白色プラスチック板）：1枚

第 2 部　応用編

- シールチューブ（縁が凸になっている方が表）：1つ

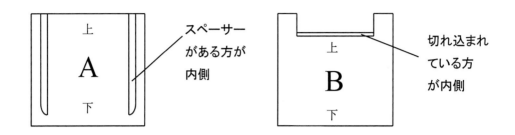

[4.1.2. 操作]
ゲル板の組み立て
(1) 泳動プレート A の外側の面のプレート底辺から 6 cm の所に，底辺と平行な線を油性サインペンで引く．
(2) 泳動プレート A の内側に汚れやゴミがないかよく確認し（ある場合はキムワイプで拭き取る），スペーサーに合わせてシールチューブを密着固定する（シールチューブの裏表注意）．
(3) 泳動プレート B を，内側に汚れやゴミがないかよく確認した後，泳動プレート A の上に重ね，クリップで挟んでとめる（クリップの位置は口頭で説明する）．

ゲル溶液の調製
(4) 次表に従って試薬を混合し，分離ゲル溶液，濃縮ゲル溶液それぞれをビーカーで調製する．APS は P200 のマイクロピペッター，その他は P1000 のマイクロピペッターで秤量し，必ずビーカーで調製すること．試験管や三角フラスコではゲル板に流し込む作業が難しくなる．
[注] 以下の (5)〜(6)，(9)〜(10) の作業は手早く行うこと．のんびりしているとゲルが固まりだし，気泡も入り易くなる．
(5) 分離ゲル溶液に重合反応開始剤の TEMED（3.2 μL, 教員が入れる）を加え，A, B 両プレートの隙間に，(1) で引いた平行線の所まで液を流し込む．<u>もし線を越えてしまった場合は (6) へ進まず教員を呼ぶこと．</u>

（単位はmL）	分離ゲル（下）	濃縮ゲル（上）
H₂O	2.42	2.46
1.5M Tris-HCl (pH8.8)	2.0	—
1M Tris-HCl (pH6.8)	—	0.5
30% Acrylamide-0.8%Bis	2.7	0.6
10% APS	0.08	0.04
1% SDS	0.8	0.4
TOTAL	8.0	4.0

[注] Acrylamide は流しに捨てない，なるべく手に付けない（猛毒）．
[注] 溶液を泡立てないように細心の注意を払うこと．試薬を混ぜるときはビーカーをゆっくり回転させて混合し，ガラス棒などは使わない．特に SDS は泡立ち易いので，最後に静かに混合すること．ゲルを固めた時点で，気泡やホコリが入ったものは作り直しになる．

(6) すぐにスポイドで 50% 2-propanol をギリギリいっぱいに重層する．
(7) 20 分以上，ゲルが固まるまで放置する．50% 2-propanol との界面がはっきりしてきたら完了である．
(8) ゲル板を傾けて 50% 2-propanol を除き，洗ビンの水でゲル上層をよく洗浄して，水分をよく切る．
(9) 濃縮ゲル溶液に TEMED（4 μL, 教員が入れる）を加え，A, B 両プレートの隙間に，B プレートの切りこみギリギリまで液を流し込む．
(10) コウムを上から刺し込む．レーンに気泡が入り易いので気をつけること．
(11) 25 分以上，ゲルが固まるまで放置する．
(12) コウムを垂直に上げて静かに抜き，すぐにレーンを洗ビンの水でよく洗う（この時レーンに未反応のゲル溶液が残っているとレーンがふさがってしまう）．レーンの歪みがひどい場合は Loading チップなどで整える．
(13) ゲル板を 2 枚のキムワイプで包み，洗びんの蒸留水で湿らせた後，ラップに包んで，次回の実験まで実験台上（常温）で保管する．

2 日目
【4.2. オボアルブミンの Refolding 実験と電気泳動】
[4.2.1. 材料・試薬・器具]

- Refolding buffer：0.05 M Tris-HCl buffer（pH 8.2）　フタに「R」と表記
- 変性 buffer：8.9 M urea in Refolding buffer　フタに「変」と表記
- DTT：0.2 M dithiothreitol 還元剤　フタに「DTT」と表記
  使用時以外はなるべく氷水に浮かべておく
- 天然型オボアルブミン（MW=45,000）：80 mg/mL ovalbumin in Refolding buffer
  フタに「OVA」と表記
- トリプシン（MW=23000）：3 mg/mL Trypsin in 0.01 M HCl
  フタに「ト」と表記　1.5 mL マイクロチューブに 5 μL ずつトリプシンを入れたもの [6 本]
  フタに「0」と表記　1.5 mL マイクロチューブに 10 μL ずつトリプシンを入れたもの [2 本]
  フタに「対」と表記　1.5 mL マイクロチューブに 5 μL ずつ 0.01 M HCl を入れたもの（対照）[2 本]
  [注] トリプシンは使用直前に冷凍庫から出し，使用時以外はなるべく氷水に浮かべておく
- 空のマイクロチューブ（1.5 mL）[2 本]
- 空のコニカルチューブ（50 mL）[2 本]
- 泳動サンプル buffer（以下，青チューブと呼ぶ）：
  40% Glycerol-4% SDS-8% Mercaptoethanol -0.005% BPB-0.2 M Tris-HCl (pH 7.0)
  1.5 mL マイクロチューブに 27 μL ずつ入れたもの [10 本]

[4.2.2. 操作]

(1) 作業分担（D担当／U担当）を決める．
(2) 2本の空のマイクロチューブのフタに班名，および「D」または「U」と油性のサインペンで書く．
(3) D, U それぞれのマイクロチューブに以下の試料を調製する．
　　D サンプル：15 µL 天然型オボアルブミ＋5 µL 純水＋180 µL　変性 buffer
　　U サンプル：15 µL 天然型オボアルブミ＋5 µL DTT＋180 µL　変性 buffer
(4) D, U サンプルを 40℃の恒温槽にて 30 分以上インキュベーションする．
(5) 10 本の青チューブのフタに，油性のサインペンで班の番号と以下の記号を書く．
　　D0, D1, D5, D25, D 対, U0, U1, U5, U25, U 対
(6) 2本の空のコニカルチューブ本体に（フタは不可），それぞれに D, U と油性のサインペンで書く．
(7) D, U それぞれのコニカルチューブに以下の試薬を入れる．
　　D：5 µL 純水＋1.9 mL Refolding buffer
　　U：5 µL DTT＋1.9 mL Refolding buffer
(8) Dt／Ut（t = 1, 5, 25 分 & 対照）のトリプシン消化
　　1.9 mL Refolding buffer 入りコニカルチューブ
　　　　↓＋100 µL D または U サンプル（P200 のマイクロピペッター使用）
　　手でコニカルチューブを素早くかつ穏やかに回転させて撹拌（ボルテックスの使用不可）
　　　　↓
　　室温にて 1, 5, 25 分間 Refolding させる　　|D 対, U 対の場合は何分でも良い|
　　　　↓
　　100 µL 取る（P200 のマイクロピペッター使用）
　　　　↓入れる
　　「ト」のマイクロチューブ　　|D 対, U 対の場合は「対」のマイクロチューブ|
　　　　↓
　　ボルテックスで軽く撹拌し，正確に 1 分間トリプシン消化
　　　　↓
　　80 µL 取る（P200 のマイクロピペッター使用）
　　　　↓入れる
　　青チューブ
　　　　↓直ぐに！
　　ボルテックスで撹拌
　　　　↓速やかに
　　ヒートブロックにて 100℃で 3 分間加熱
(9) D0, U0 のトリプシン消化
　　「0」のマイクロチューブ（10 µL トリプシン入り）

↓ + 0.19 mL Refolding buffer（P200 のマイクロピペッター使用）
ボルテックスで軽く撹拌
↓ + 10 μL D または U サンプル（P10 のマイクロピペッター使用）
ボルテックスで軽く撹拌し，正確に1分間トリプシン消化
↓
80 μL 取る（P200 のマイクロピペッター使用）
↓入れる
青チューブ
↓直ぐに！
ボルテックスで撹拌
↓速やかに
ヒートブロックにて 100℃ で 3 分間加熱

Dt／Ut のタイムテーブル

Time (分)	時 刻	作　業
00:00		100 μL の D サンプルを，1.9 mL Refolding buffer 入りコニカルチューブに入れる Refolding 開始！以後，これを Refolding 試料と呼ぶ
01:00		100 μL の Refolding 試料を，「ト」のマイクロチューブに入れる 消化
02:00		80 μL の上記トリプシン消化物を，「D1」の青チューブに入れる
05:00		100 μL の Refolding 試料を，「ト」のマイクロチューブに入れる 消化
06:00		80 μL の上記トリプシン消化物を，「D5」の青チューブに入れる
		100 μL の Refolding 試料を，「対」のマイクロチューブに入れる
		80 μL の上記トリプシン消化物を，「D対」の青チューブに入れる
25:00		100 μL の Refolding 試料を，「ト」のマイクロチューブに入れる 消化
26:00		80 μL の上記トリプシン消化物を，「D25」の青チューブに入れる

D0／U0 のタイムテーブル

Time (分)	時 刻	作　業
		0.19 mL の Refolding buffer を，「0」のマイクロチューブに入れる
00:00		10 μL の D を，上記「0」のマイクロチューブに加える 消化
01:00		80 μL の上記トリプシン消化物を，「D0」の青チューブに入れる

電気泳動

(10) SDS ゲルを開封し，洗びんの水で表面をサッと洗う．

(11) 切れ込みが入っていない方の泳動プレートの上から，図のようにレーン下部にビニルテープを貼り，その上に油性のサインペンで，班名と Loading するサンプル名を記入する．

第2部 応用編

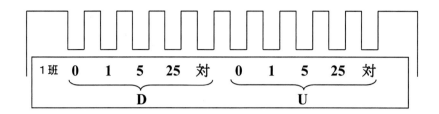

<loadするサンプル>
Lane 1) D0：S-S架橋ありのオボアルブミン変性状態（Refolding 0分）
Lane 2) D1：S-S架橋ありのオボアルブミン Refolding 1分
Lane 3) D5：S-S架橋ありのオボアルブミン Refolding 5分
Lane 4) D25：S-S架橋ありのオボアルブミン Refolding 25分
Lane 5) D対：S-S架橋ありのオボアルブミン　トリプシン消化なし（対照）
Lane 6) U0：還元型オボアルブミン変性状態（Refolding 0分）
Lane 7) U1：還元型オボアルブミン Refolding 1分
Lane 8) U5：還元型オボアルブミン Refolding 5分
Lane 9) U25：還元型オボアルブミン Refolding 25分
Lane 10) U対：還元型オボアルブミン　トリプシン消化なし（対照）

(12) ビニルテープを貼ったゲルとサンプルを持って泳動装置のある場所に行き，TAにゲルを泳動槽にセットしてもらう．
(13) <u>P20のマイクロピペッター</u>と専用のLoadingチップを使って，サンプル18 μLを，図1の通りにのせる．
(14) 泳動，ゲルの染色・脱色はTAが行う．

【5．レポートおよび課題】

(1) ゲルの画像を貼り付けて結果を図示せよ．各レーンにどのようなサンプルがLoadingされているか，実験をしていない人にもわかるようにはっきり示すこと．
(2) ゲル上の各バンドにマーク（a, b, cや①②③など）を付け，それぞれどのような物質と断定／推測されるか記載しなさい．
(3) 1分子の天然型オボアルブミンにはCysがいくつあり，S-S架橋はいくつあるか．それぞれ答えなさい．
(4) トリプシンはペプチドやタンパク質のどのような部位を特異的に切断するか答えなさい．
(5) トリプシン溶液を希塩酸で調製する理由を答えなさい．
(6) 使用する直前までトリプシンやDTTを氷水で冷やしておく理由を答えなさい．トリプシンについては，単に「活性を長続きさせるため」だけでは不可．なぜ冷やすと活性が長続

きするのかまで言及すること．
(7) Refolding 時間が 0, 1, 5, 25 分と長くなるにつれて，どのような現象が観察されたか書きなさい．
(8) なぜ上記のような現象が起こるのか説明しなさい．
(9) D（S-S 架橋あり）と U（還元型）の結果にはどのような差があったか書きなさい．
(10) なぜ上記のような結果となったか説明しなさい．

19. 計算によるタンパク質相互作用の解析

　タンパク質は複数の分子により複合体を形成し機能を発現・制御することが多い（例えば，シグナル伝達など）．この実習では，(1)タンパク質と薬剤などの低分子化合物，(2)二つのタンパク質，の場合に分け，ドッキングシミュレーションやAI・機械学習によるアミノ酸配列からの構造予測（入門編でも作業したAlpha Fold2: AF2など）によりタンパク質複合体のモデルを構築し，立体構造をもとに機能発現のしくみを理解する．また，実験データと比較・検証するための，タンパク質相互作用の強さの定量化についても実習する．

【1．タンパク質とリガンドのドッキングシミュレーション】

　タンパク質は多様な低分子リガンドを結合する．酵素タンパク質は，結合したリガンドの化学反応を触媒する．また，リガンドの結合をスイッチとして機能を発現したり抑制するタンパク質もある．多くの薬は，このタンパク質とリガンドの結合を阻害したり，リガンドの代わりとして結合することで作用する．

　この章では，リガンドが形を変え（低分子化合物は柔軟に変形できる），タンパク質のどこに結合するか，をドッキングシミュレーションにより予測する計算手法を実習する．それができれば，細胞内でリガンドがどのようにタンパク質に作用するかの理解にとどまらず，リガンドを変えたときの相互作用様式の違いから結合強度の差を予測することができる．計算創薬（インシリコドラッグデザイン），特に，標的タンパク質立体構造ベースのデザイン（Structure-based drug design: SBDD）では，化合物ライブラリにある数十万個の化合物を受容体タンパク質にドッキングし結合強度を計算することで，最適なリード化合物の探索を実現している．

　必要な作業としてはまず，(0)ターゲットとなる受容体タンパク質の決定 がある．実験系のなかで機能に関わりそうなタンパク質であったり，何らかの疾病に対する薬剤の開発においては，その作用機序に関わる創薬ターゲットタンパク質の1つだったりするが，この作業が実は一番難しく研究のオリジナリティが必要になる．それが決まれば，(1)受容体タンパク質の化合物結合ポケットを探索し，(2)そのポケットを標的とした化合物ドッキングを行なえばよく，現在ではほぼルーティン化していると言える．本実習では，インフルエンザウィルスのタンパク質「ノイラミニダーゼ」をターゲットに，抗インフルエンザ薬「タミフル」をドッキングする作業を行う．

第 2 部　応用編

[1.1. CASTp による化合物結合ポケットの探索]

　受容体タンパク質が決まったとき，リガンドを一度に四方八方からドッキングできるといいが，計算量が多くなり効率的でない．なのでまず，リガンドが結合できるタンパク質表面のポケットを探索する．ここでは，Web 上で簡単に実行可能な CASTp というサーバ（http://sts.bioe.uic.edu/castp/index.html）を用いるとし，ノイラミニダーゼの結晶構造である PDB: 2hu4 に適用する．（この構造は実はタミフルとの共結晶であり，正解構造としてドッキングシミュレーションの評価にも利用する）

　まず，PyMOL で 2hu4 の構造を見てみる．ノイラミニダーゼが 4 つ結合した 4 量体が 2 つ（計 8 個）で構成されている．アミノ酸配列を見ると，タミフルは「G39」という残基名であることが分かる．（下図では，all > color > by chain により分子ごとに色付けしている）

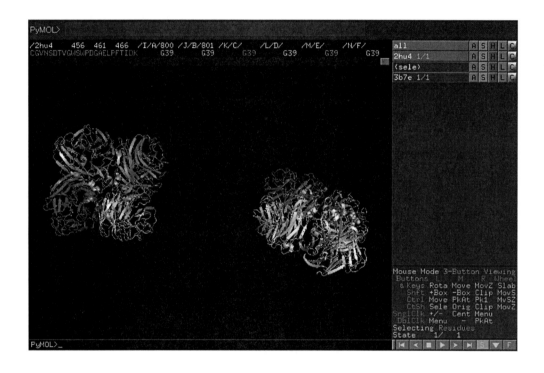

　ドッキングの際には，1 分子の受容体タンパク質とリガンドの PDB ファイルが別に必要なため，PyMOL で用意する．まず，ノイラミニダーゼの A chain のアミノ酸配列を（シフトを押しながらクリックにより）うまく選択し，メニューバーの File > Export Molecule とする．次に Selection のところで「sele」を選択し，下の Save をクリックする．最後にファイル名を設定するが（ここでは，2hu4A_pro.pdb），ファイルの種類のところで「PDBx/mmCIFB」でなく「PDB」に変更することに注意する．同様に，ノイラミニダーゼの A chain に結合するタミフル（I/A/800 の G39 残基：2hu4A_lig.pdb のファイル名）についても同様の作業を行う．2 つのファイルを別の PyMOL で開くと，うまく PDB ファイルが作成できているか確認できる．

19. 計算によるタンパク質相互作用の解析

さらに Spheres 表示にし，タンパク質を緑にリガンドをシアンにしてみよう．下の絵を見ると，リガンドが特定の形でタンパク質のポケット内部に密にパッキングされる様子が分かり，リガンドの構造と配置を手動で決めるのは大変難しくみえる．

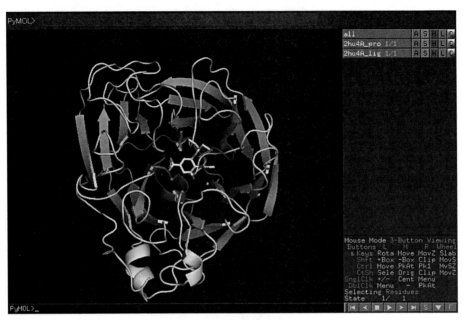

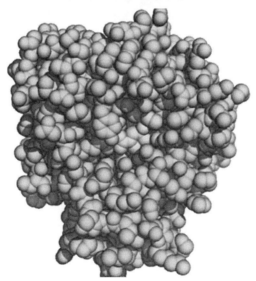

次に，CASTp のサイトに移動する．右下にある「PDB or job ID」の欄に 2hu4 を入力して右のボタンをクリックすると計算できるが，8分子を描画したおかしな出力がされる．そこで，「Calculation」のタブを押し，File をクリックしてから，先ほど作成したノイラミニダーゼの A chain のみの構造ファイルである 2hu4A_pro.pdb を選択して，Submit を押す．

187

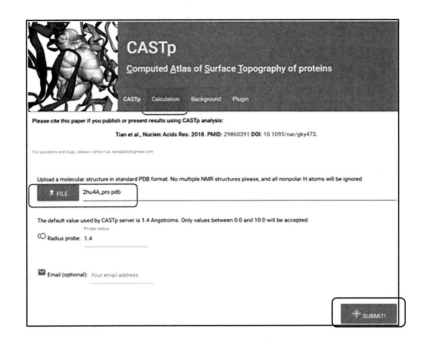

　少し待った後に出てくるリンクをクリックすると，結果が出力される．Cartoon表示のタンパク質構造とともに，ポケットの空間が赤で示される．PyMOLのように，マウスで構造を動かしてみることができる．右上には，ポケットのPocIDとともに表面積（Area）と体積（Volume）が表示される．右下は，ポケットを形成する残基をリスト化している．ノイラミニダーゼの形はシンプルで，明らかに1つの大きなポケットしかないが，複数のポケットがタンパク質表面にある場合には複数のPocIDが出力され，クリックにより表示を切り替えることができる．

　ここでは，次のドッキング計算のため，ポケットの奥にある残基Glu227のCα座標をPyMOLで取得する．

- PyMOLで2hu4A_pro.pdbを開く．
- Glu227をマウスで選択する．
- コマンドラインに，「xyz = cmd.get_coords('sele and name CA', 1); print xyz」と入力すると，「[[-1.07　76.916　101.077]]」が出力される．

19. 計算によるタンパク質相互作用の解析

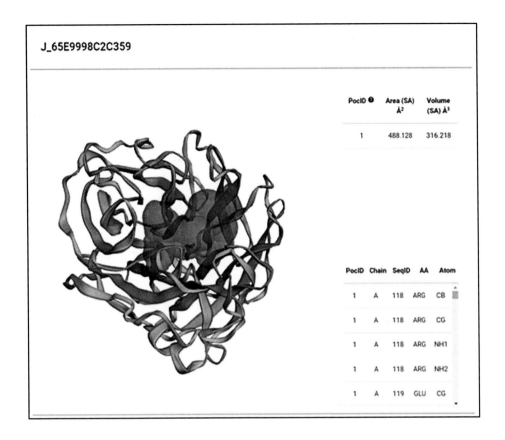

[1.2. DockThor による低分子化合物ドッキング]

低分子ドッキングシミュレーション用ソフトウェアはたくさんあり，Schrödinger 社の Glide (http://www.schrodinger.com/Glide) や GOLD (http://www.ccdc.cam.ac.uk/solutions/csd-discovery/components/gold/) といった有償版や，無償の AutoDock Vina (http://vina.scripps.edu/) が有名である．ソフトウェアにより，利用の簡便さや結合構造・強度の予測精度に違いがある．この実習では，Web 上で簡単に（無償で）実行できる DockThor (https://dockthor.lncc.br/v2/) によりドッキングシミュレーションを行う．

まず DockThor のサイトに移動し Docking のタブを押す．最初のページでは，タンパク質の情報を入力する．「+Add file」を押し 2hu4A_pro.pdb のファイルを選択してから，右下の「Send」をクリックする．

第 2 部　応用編

次のページでは，タンパク質の protonation state（酸性・塩基性残基や His に H+ が付いているか．）を指定する．細胞環境での pH により異なり，ProPKA といった Web サーバで予測できる．ここでは，中性（pH7）の環境を想定し，既定パラメタを用いるとして何も指定せずに，下部の「Send to DockThor」を押す．

次ページでは Cofactors（補因子：ATP でのマグネシウムイオンなど）を指定できる．今回の構造には Cofactors は含まれないので，そのまま「Do not use cofactors」を押す．

19. 計算によるタンパク質相互作用の解析

次のリガンドを指定するページでは，「+Add file」を押し 2hu4A_lig.pdb のファイルを選択してから，水素を付加するため「Add H」をオンにし，右下の「Send」をクリックする．

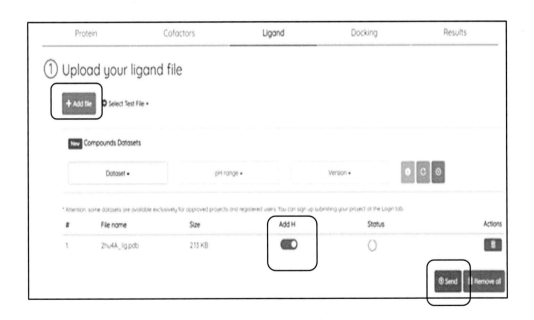

さらにページ下部では，リガンド分子内で自由に回転できる結合（Rotatable bond）を定義できるが，化合物の化学式から自動で決めてくれるので，ここでは既定のままにして「Send to DockThor」を押す．

第 2 部　応用編

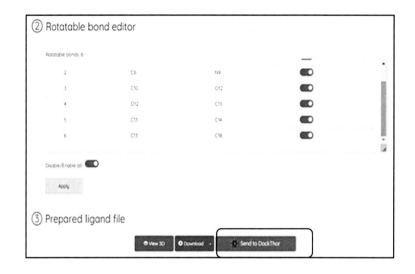

　最後に，ドッキングにおいて探索するリガンド結合サイトを限定するため，探索範囲を Grid の箱（中心の xyz 座標と辺の長さ）で指定する．マウスにより手動で箱を動かし，リガンド結合ポケットが含まれるようにうまく指定することもできるが，なかなか難しい．そこで，ポケット探索で実行したように，ポケットにある 1 つの残基の座標を適当に選び座標を抽出し，それを Grid 中心に指定する．今回は，前節で求めた Glu227 の Cα 座標を xyz に入力する．箱のサイズは，既定の 20 Å とする．下部では，結果送信のために適当な Job Name（例えば 2hu4A）とメールアドレスを指定し，Dock 上の「Accept terms of use」をオンにしてから「Dock」を押す．

　以上で作業は完了であるが，結果が出力されるには，遅い場合には 10 分以上かかることもある．（終了したら，結果が見られるリンクを表示したメールが来るので，ブラウザを閉じたりパソコンをログアウトしても構いません．）

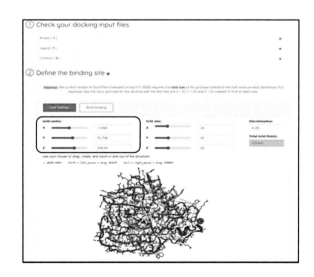

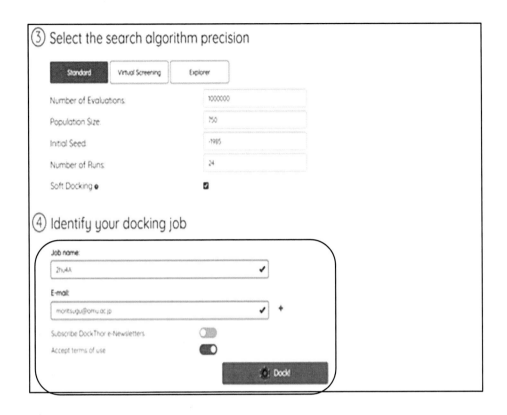

　結果の出力画面ではまず①の「Analyze」を押してから，②の「Download」を押すと，結果をまとめたファイルがダウンロードされる．Zip ファイルにある Result フォルダの bestranking.mol2 がリガンドの予測構造である．正解と比較するには，①の「Compare doking pose..」の右タブをオンにし，リガンドのファイル 2hu4A_lig.pdb を指定してから①の「Analyze」を押すと，結合の強さ（Affinity）やエネルギー（vdW のファンデルワールス：疎水性相互作用と Elec の静電相互作用，Total の合計）とともに，正解からの差（RMSD = 0.843 Å）が出力され，下部ではドッキング構造をマウス操作で見ることもできる．しかし，操作性にやや難があるので，練習課題のように PyMOL で見ることにする．

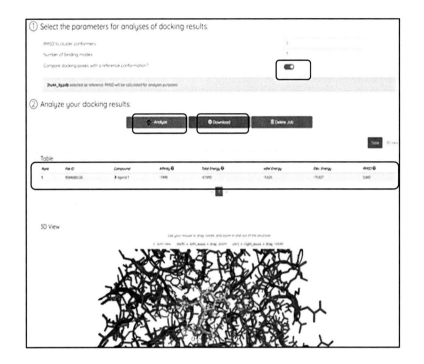

[練習課題]
- PyMOL で 予測構造 bestranking.mol2 を開く.
- 2hu4A_pro.pdb, 2hu4A_lig.pdb も読み込み, 正解である共結晶の構造と比較する. 見やすい角度と描写を工夫し, PNG ファイルを作成して貼り付ける.

[1.3. 課題]
(1) リレンザとの共結晶 (PDB: 3b7e) について, 3b7eA_pro.pdb, 3b7eA_lig.pdb を作成してからドッキングシミュレーションを実行し, 練習課題と同様の解析をする. ポケットの位置は大体わかるので, CASTp による探索は省略してよい.
(2) タミフル共結晶でのノイラミニダーゼ構造 2hu4A_pro.pdb に, リレンザ 3b7eA_lig.pdb をドッキングする. 逆の操作である, リレンザ共結晶でのノイラミニダーゼ構造 3b7eA_pro.pdb へのタミフル 2hu4A_lig.pdb のドッキングもやってみる. 課題1の練習課題での結果とどう違うかを, 図を作成し比較しながら考察する.
(3) プロテインキナーゼ MEK1 の backpocket に TypeIII 阻害剤 (残基名: 3BM) が結合した共結晶構造 (PDB: 3eqc) をドッキングシミュレーションで再現する. 共結晶構造を参考に, CASTp により backpocket がどこかを判定し, ドッキングする際のグリッド中心にする残基を決めたうえで, ドッキングする (グリッド中心にする残基を記入すること). affinity や結晶構造との RMSD 値も追記し, PNG ファイルを作成して貼り付ける. (共結晶構造のリガンド位置を再現できるまで繰り返し作業してほしいところですが, 時間がかかるようなら一番良い結果を出してください.)

(4) タミフルとリレンザでの受容体タンパク質の相互作用の違いについて，2個のPDBファイル（Chain Aとタミフル/リレンザが結合したPDBファイルを作成すること）を同じPyMOL画面で読み込みアラインして，共結晶構造を比較し，図を用いながら考察を加える．
(5) タンパク質とリガンド（ここでは，タンパク質機能を阻害する薬剤を想定）の結合強度を定量化するIC_{50}と解離定数K_Dについて，違いを示しながら説明する．また，それらを計測する実験手法である等温滴定型カロリメトリー（ITC）と表面プラズモン共鳴（SPR）についても説明する．

【2. タンパク質のドッキングシミュレーション】

　近年のクライオ電子顕微鏡での構造解析により，数多くの分子・ドメインからなる巨大なタンパク質複合体構造が解かれている．しかしながら，ヒトゲノム全体に含まれるタンパク質をコードする遺伝子が約2万個強とすると，2個のタンパク質の複合体の数はその2乗で4億個となり，その立体構造をすべて実験で解析するのは難しい（もちろん，そのなかで機能する複合体は数少ないはずだが）．そのため，計算手法により，例えば構造既知の2個のタンパク質からなる複合体をモデリングする，または，安定な複合体となりうるかを予測する，ことができれば便利そうである．そこで今回は，タンパク質のドッキングシミュレーションにより複合体構造を構築することで，複合体形成により機能を発現・制御するメカニズムを解析する計算手法について実習する．

　タンパク質のドッキングでは，1個のタンパク質（receptorとよぶ）を固定し，もう1個のタンパク質（ligandとよぶ）を並進・回転させながら近づけ，構造が重ならないようにうまく配置する．たくさんの候補を作成したら，2つのタンパク質の結合の強さをスコアとして算出し，最も良いスコアの複合体を最適構造とする（または，スコア上位10個などを出力する）．このスコアの良し悪しがもちろん予測精度に直結するのだが，タンパク質間相互作用の場合は分子シミュレーションに使われるエネルギー力場を参照できることもあり，確からしいものになっていると言える（低分子リガンドの場合にはそのような力場が作成されていないことが多いため，高精度なスコアを作成するのが実は難しい）．

　注意点としては，計算手法による構造モデリングでは，その分子機構を原子レベルで捉えることができる反面，あくまでも計算機上の「モデル」にすぎないということである．分子，細胞での実験結果と組み合わせ，**細胞内で実現される現象に基づいた計算結果を導き出すことが非常に重要になる**と言える．

[2.1. タンパク質相互作用の解析]

　本実習では，Ras-Raf複合体（PDB: 3kud）を対象にする．マイトジェン活性化プロテインキナーゼ（MAPK）カスケードは，細胞増殖や分化，アポトーシスなど多様な細胞プロセスを制御する複雑なシグナル伝達経路であるが，その経路上でGTPが結合した活性化RasはRafを活性化し，下流のMEKやERKのリン酸化につなげる．

第2部 応用編

　まず，PyMOLで複合体構造を観察する．RafのN71R（とA85K）の変異がRasとRafの結合を約100倍強くすることが示されており（Filchtinski et al., JMB 2010），その変異体構造（PDB: 3kuc）との比較も行う．
　PyMOLを起動し，3kudと3kucの構造を読み込む．

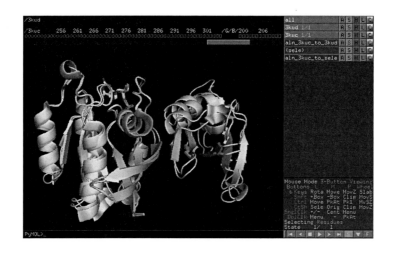

　PDBのサイトを見てもわかるが，A chainがGDPを結合したRas，B chainがRafである（3kucでは，RasでなくRas関連のRap-1A）．いつものように全体でアラインし（またはRas分子のみアラインするとより見やすくなる），水やイオンをHideする．何となくではあるが，シアンの3kucのほうが，より密にRasとRafがコンタクトしているように見える．
　詳細に見るため，変異があるRaf（B chain）のN71/R71をsticksで表示してみる．3kucでは，変異したR71がRasのD33と水素結合することにより，相互作用を強めていることがわかる．（2つの残基を選択し，Action > find > polar contacts > within selectionとすると，水素結合が黄色の点線で描写される）

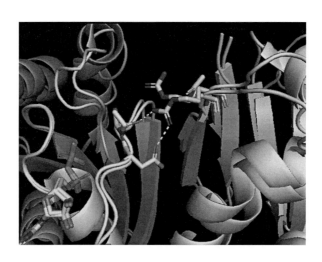

19. 計算によるタンパク質相互作用の解析

　ここではまず，タンパク質相互作用を解析する Web サーバを実習してみる．まず，Prodigy のサイト（https://wenmr.science.uu.nl/prodigy/）に移動する．「Structure」に PDB ID である 3KUD を，「Interactor 1（2）」に Chain ID である A（B）を入力し，（ロボットでないにチェックして）「Submit」を押せばよい．すると次の画面では，結合自由エネルギーの予測値 ΔG = -7.1 kcal/mol や K_D，いろんな種類の原子コンタクト数（ICs）などが出力される．また，下部の「.pml」を押すと，PyMOL で構造を見るためのスクリプトファイルをダウンロードすることができる．

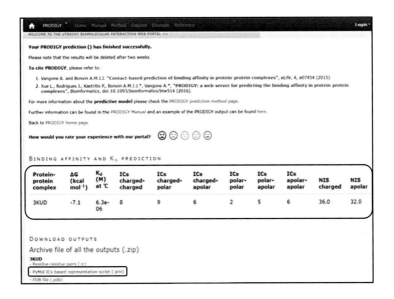

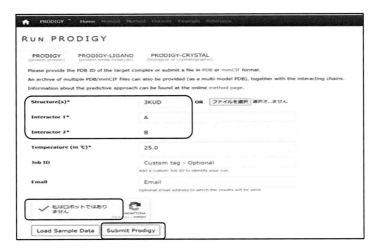

　3KUC の構造でも同様の操作をしてみる．ΔG = -7.6 kcal/mol と結合自由エネルギーが小さくなる（＝安定になる），また，原子コンタクト数も増えることから，3KUC のほうがより相互作用が強いことがわかる．

第 2 部　応用編

BINDING AFFINITY AND K_D PREDICTION									
Protein-protein complex	ΔG (kcal mol^{-1})	K_d (M) at ℃	ICs charged-charged	ICs charged-polar	ICs charged-apolar	ICs polar-polar	ICs polar-apolar	ICs apolar-apolar	NIS charged	NIS apolar
3KUC	-7.6	2.7e-06	14	12	8	2	5	7	36.11	33.33

　次に PDBePISA（https://www.ebi.ac.uk/msd-srv/prot_int/）のサーバも試してみる．サイトに移動し，「Launch PDBePISA」のタブを押した次のページで，「PDB entry」に 3KUD を入力し，Interfaces を押す．

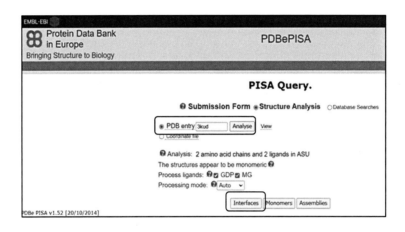

　結果表示では，結晶系での相互作用も考慮しているのでややこしいが，xyz とある行の Interface のコラムに，複合体界面の面積 area = 526.6 Å^2 や ΔG = 0.4 kcal/mol，水素結合数 N_{HB} などが出力される．下部の「View」を押すと，構造が表示される．

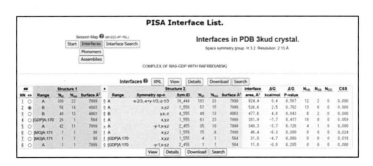

3KUC の構造でも同様の操作をしてみると，複合体界面の面積 area = 714.9 Å^2 となり，N_{HB} とともに増加しており，相互作用の安定化が示された．（ΔG が増加しているのは，計算精度の問題か..）

[2.2. ClusPro2 によるタンパク質のドッキングシミュレーション]

　タンパク質のドッキングシミュレーションソフトもいろいろあり，今回の実習で利用するWeb サーバである ClusPro2（https://cluspro.bu.edu/home.php）だけでなく HADDOCK（https://wenmr.science.uu.nl/haddock2.4/）などのプログラムで実行できる．この実習では，3kud の PDB 構造にある A chain の Ras と B chain の Raf をドッキングさせ，Ras/Raf 複合体構造を予測し，正解である複合体結晶構造と比較する．

　ClusPro2 のサイトに移動すると，Receptor と Ligand を指定する欄があるので，PDB ID と Chain ID を入力する．代わりに，「Upload PDB」を押すと，自分の PDB ファイルの構造でドッキングすることができる．ジョブを区別するために Job Name も入力し（自分のイニシャルなど入れる），下部の「I agree…」のタブもオンにしてから「Dock」を押すと，ドッキング計算が実行される．

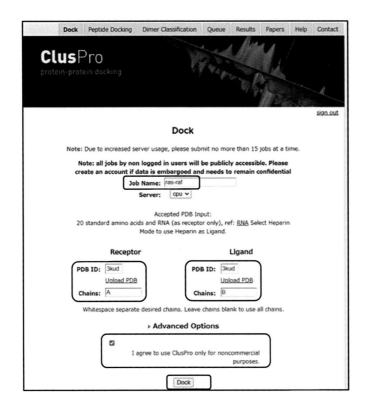

　Running Jobs のリストでは，先ほど入力した Job Name で自分のジョブがどれかわかる．Id をクリックすると，ジョブの実行状況や入力した構造の絵などが出力される．

第 2 部　応用編

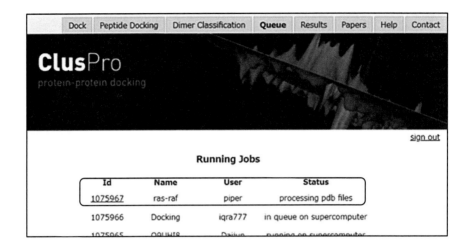

　計算が完了すると，「Download Displayed Models」を押すことで，予測構造の PDB ファイルをダウンロードできる．構造数は既定で 10 だが，上の「Display Models」のタブで変更することができる．

 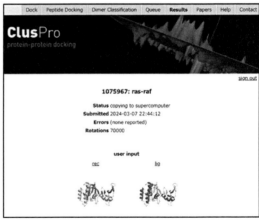

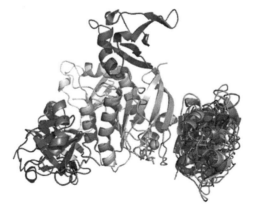

ダウンロードされた「cluspro…zip」という Zip ファイルを開くと，lig.000.??.pdb という名の PDB ファイルがあるので，PyMOL を起動し，まず正解となる 3kud を読み込み色を gray にしてから，10 個の予測構造を読む．Receptor である Ras（rec.pdb）に，いろんな方向から Ligand である Raf（lig.000.??.pdb）が結合していることが分かる．今回の結果では，lig.000.00.pdb が複合体結晶構造に一番近いことがわかった．

[練習課題]
　PyMOL で上の作業を行い，見やすい角度と描写を工夫し，PNG ファイルを作成して貼り付ける．

[2.3. AF2 によるタンパク質複合体の予測]
　構造予測でも用いた AlphaFold2 により，タンパク質複合体構造も予測することができる．注意点としては，1 つ 1 つのタンパク質構造も一からモデリングする点であり，例えば結晶構造が分かっている場合にはモデリング不要なので，そのままの構造でドッキングする ClusPro の活用が望ましい．また，構造を持たない部位を含むような，例えばタンパク質全長を一度に予測しようとすると，不正確な構造モデルが生成されやすい．下は受容体型チロシンキナーゼ（UniProtKB P36888）の全長構造を予測したモデルであるが，キナーゼドメインといった構造部位以外では Predicted aligned error（PAE）の値が低く，構造を適当に生成しているものの，相対的な配置の精度はほぼ 0 である．

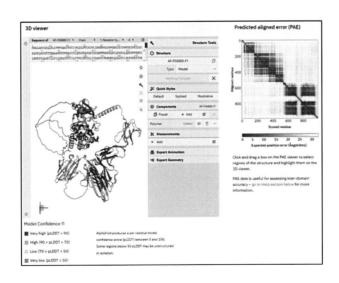

　作業としては，アミノ酸配列を入力するだけで簡便に実行できる．まず，（Google アカウントにログイン後に）以下の Colab Fold のサイトに移動する（または，「Colab Fold」で検索する）．
https://colab.research.google.com/github/sokrypton/ColabFold/blob/main/AlphaFold2.ipynb

第 2 部　応用編

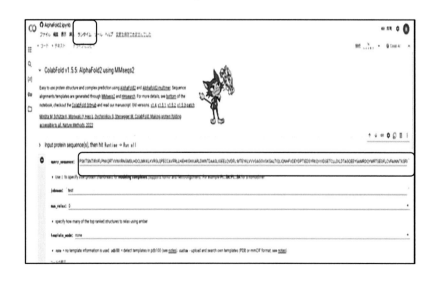

あとは，「Input Protein Sequence」の「query sequence」に，FASTA 配列を「:」で区切りながら入力すればよい（2 個だけでなく 3 個以上の複合体に対しても実行できる）．FASTA 配列を取得するには，RCSB の PDB サイトから「3kud」に移動し，右上にある Display Files > FASTA Sequence で Ras と Raf の FASTA 配列を参照しコピペすればよい（両者のアミノ酸配列の前に > で始まるコメント行は不要なので注意する！）．上のメニューで「ランタイム > すべてのランを実行」とすると（「このまま実行」を続けて押す），数分で結果が出力され，予測構造などの結果をまとめた Zip ファイル（test XXX.zip のようなファイル名）が自動的にダウンロードされる．ファイルを解凍すると，5 つの予測構造が，testXXX_rank00?_YYY.pdb という PDB ファイル名で存在する．この rank は，予測精度のよい順番に並んでいる．

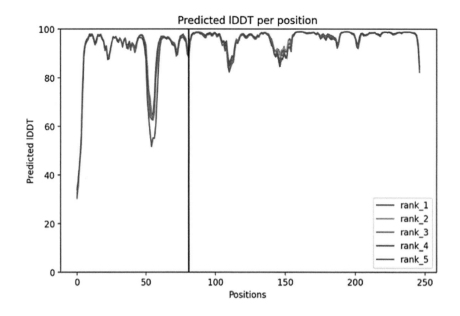

5つの構造モデルの信頼性を示すpLDDTを見てみる．前半のRaf N末と残基50あたり以外では70%以上となり，十分な精度と言える．また，PAE（Predicted aligned error: 残基間の相対配置の予測精度）を見ても，青の精度大の残基ペアが5個のモデルでほとんどを占めることから，RasとRafの相対配置についても精度が高いことが分かる．（実は，以前の実行ではrank1構造のみが高精度であったが，AF2のモデルの改善により，5個とも同様の精度の構造が生成されるようになった！）

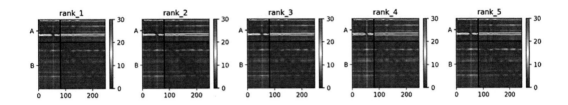

PyMOLを起動し，まず正解となる3kudを読み込んで色をgrayにしてから，5個のAF2予測構造を読む．AF2では重心位置がずれるため，1個ずつ結晶構造にアラインする必要がある．正解の結晶構造と比較すると，精度よく複合体構造が予測されていることが分かる．結晶構造にない部位は，結晶構造では見えてなかったN末とC末である．

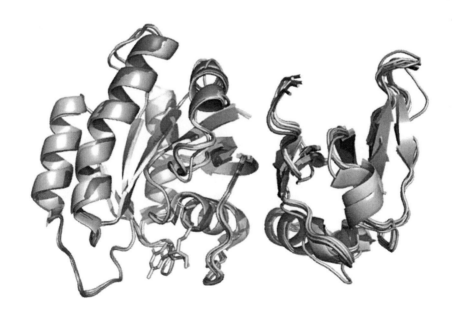

[練習課題]

PyMOLで上の作業を行う．見やすい角度と描写を工夫し，PNGファイルを作成して貼り付ける．また，5個のAF2予測構造はどの程度違うだろうか（正解＝結晶構造と近い，と言えるのはどれか）

[2.4. 課題]

(1) Ras-Raf 複合体について，ClusPro2 での最適構造と AF2 での最適構造，また，正解の結晶構造を 1 つの PyMOL 画面に描写し，構造をアラインして比較する．どちらがより結晶構造に近いか．

(2) 3kuc の変異体についても同様に，ClusPro2 と AF2 で複合体構造を予測する．3kud を（同じ手法で）予測した構造と比較すると，変異による結合能の向上を予測した複合体構造モデルで説明できると言えるかを，ClusPro2 と AF2 に分けて考察せよ．（つまり，3kuc の結晶構造で特徴的な Ras: R71 と Ras: D33 との水素結合が，予測した複合体モデルで再現されているだろうか）

(3) 脈管形成や血管新生に関わる血管内皮細胞増殖因子（vascular endothelial growth factor: VEGF）をターゲットとした分子標的 HLH ペプチド（Michigami et al., PLoS One 2021）がどのように作用するかを，複合体構造をモデリングすることで理解する．まず，HLH ペプチド（CAAELAALEAELAALEGPWKGYPIPYGKLQFLIKKLKQLKVAC のアミノ酸配列：実際は両端の Cys をつなぎ環状としているが，今回は考慮しないとする）の構造を AF2 で予測する．

次に，ClusPro2 により，VEGF 二量体（PDB: 5t89 の chain V と W）にドッキングする．「Chains」の箇所に「V W」のように空白を入れて入力すればよい．Ligand には，「Upload PDB」として AF2 で作成した PDB ファイル名を指定する．AF2 の場合には，HLH ペプチドとともに VEGF のアミノ酸配列 2 個も入力すればよい（HLH ペプチドが 1 個と 2 個の場合で，結合位置がどう変化するだろうか）．

結合の仕方を観察したり，Prodigy サーバで ΔG を計算し比較しながら，最適そうな複合体構造を予測し，PNG ファイルを作成して貼り付ける．

20. 放射線・紫外線の遺伝的影響

【実験スケジュール】

1日目：課題A　ウィルソンの霧箱によるα線の観察
2日目：課題B　細菌を用いた紫外線DNA損傷の検出
3日目：課題C　マウス臓器に対する放射線影響の解析
4日目：課題D　マウス染色体に対する放射線影響の解析

【事前の注意事項】

1日目：定規を持参すること
2日目：安全めがねを持参すること
2日目－4日目：白衣を着用すること
3日目：動物実験安全教育訓練未受講者は実習を受けられない．

1. 課題A　ウィルソンの霧箱によるα線の観察

【1.1. 実験の背景・原理・目的】

　英国の物理学者 C.T.R. Wilson（1869~1959）は，1911年に断熱膨張を応用した霧箱を製作し，1912年に発表した．1927年に，"蒸気の凝縮により荷電粒子の飛跡を観察できるようにする方法（霧箱）の研究"により，ノーベル物理学賞を受賞した．これが本実習で製作するウィルソンの霧箱の原型である．霧箱を用いることにより，放射線を視覚的に捉えることが可能である．本実習では，霧箱の原理を理解した上で，この優れた特性を利用してα線の飛跡を観察することにより，α線の性質や物質との相互作用について考察するとともに，我々の身近に放射線が存在することを理解する．

[1.1.1. 放射性壊変]

　原子核には，安定なものと放射性壊変するものとがある．ひとつの元素をとってみると，一般に1～数個の安定同位体と（stable isotope）と数個の放射性同位体（radioisotope; RI）で構成される．放射性壊変には，α壊変，β壊変（β^-, β^+, 軌道電子捕獲），およびγ壊変な

どがある．

(1) α壊変

α壊変とは，原子核からヘリウムの原子核（これをα粒子という）が放射される壊変である．α壊変によって得られる娘核種は，親核種より質量数が4，原子番号が2だけ少ない．

(2) β^-壊変

原子核内の中性子が陽子に変換される過程であり，その際に陰電子（電子のことを指すが，陽電子に対してこう呼ぶ）と反中性微子が原子核外へ放出される．原子核は陽子が1個増えるので，原子番号はひとつ増える．質量数は変わらない．

(3) β^+壊変

原子核内の陽子が中性子に変換される過程であり，その際に陽電子と中性微子が原子核外へ放出される．陽電子は，プラスの荷電を有し，質量，スピンは陰電子と同じである．β^+線は，放射された後，その運動エネルギーを失った状態で陰電子と結合して消滅する．その際，消滅γ線が放射される．β^+壊変により，原子番号はひとつ減る．質量数は変わらない．

(4) 軌道電子捕獲（electron capture; EC）

原子核内の陽子が中性子に変換する際，核外にある軌道電子を捕獲し，中性微子を放出する過程をいう．ECにより，原子番号はひとつ減る．質量数は変わらない．捕獲された電子軌道は空位となるので，それより高いエネルギー準位の軌道の電子が転移してくる．その際，余ったエネルギーを特性X線として放出する．ECは，β^+壊変の際に必ずある割合で生じる．β^+壊変は，低原子番号，ECは，高原子番号の場合に起きる割合が高くなる．

(5) γ壊変

α壊変，あるいはβ壊変と同時に原子核からγ線（電磁波）が放射される．α線やβ線を放射した直後の娘核種が励起状態にあり，より安定な状態に転移する際にγ線を放射する．γ壊変で放射される光子エネルギーは離散的であり，線スペクトルになる．励起状態の寿命が長い（測定可能な1秒程度以上の）原子核は，別核種として区別する．これを核異性体という．核異性体は，基底状態の原子核と原子番号，質量数は同じであるが，エネルギー状態が異なる．核異性体の大部分は，エネルギー準位間の転移，すなわち，核異性体転移（isometric transition; IT）によって壊変し，γ線を放射する．また，励起状態にある原子核は，ある確率でそのエネルギーを軌道電子に与えて，軌道電子を原子から放出する．これを内部転換といい，放出される電子を内部転換電子という．この場合，電子の運動エネルギーは線スペクトルとなるので，β線とは区別できる．

(6) 放射性壊変に付随する現象

内部転換，あるいはECにより生ずる軌道電子の空位により特性X線が放射される．特性X線を放射する代わりに，そのエネルギーをさらに外殻の軌道電子に与えてその電子を原子軌道から放出することがある．これをオージェ効果といい，放出される電子をオージェ電子という．これは，内部転換電子に比べてそのエネルギーが低いので区別できる．

20. 放射線・紫外線の遺伝的影響

[1.1.2 放射性壊変の法則]

(1) 放射能

原子核が自発的に放射性壊変する性質を放射能という．放射性壊変には次の述べるような法則がある．ある放射性物質Aが放射性壊変して物質Bになる場合を考える．このとき，単位時間当たりに壊変する確率を壊変定数（λ）という．いま，放射性物質Aの原子数をN個とすると，単位時間当たりに壊変する原子数は，λN と表される．放射能の強さは，この単位時間当たりに壊変する原子数（λN）で表される．単位はBq（ベクレル）である．すなわち，1 Bq = 1 壊変/秒である．

したがって，Δt 時間当たりに壊変する原子数を ΔN とすると，

$$\Delta N = \lambda N \Delta t$$

Δt を無限に小さくしたとき（dt）の壊変原子数を dN とすると，

$$-dN = \lambda N dt$$

$$\therefore \ln N = -\lambda t + C \quad (C：積分定数)$$

これより，$\ln(N/No) = -\lambda t$（$t = 0$ のとき $N = No$）　$\therefore N/No = e^{-\lambda t}$

(2) 半減期

最初に存在した放射性物質の原子数が半分（1/2）になる時間を半減期（T）という（図1）．

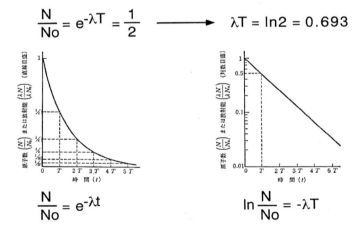

図1　放射性物質の半減期．2つのグラフのうち，左図は直線−直線目盛り，右図は対数−直線目盛りで表した．原子数の比を対数にすると傾き $-\lambda$ の直線となる．

[1.1.3. 放射壊変系列]

天然に存在する放射性核種のなかには，次々と α 壊変と β 壊変を繰り返して壊変系列をつくるものがある．壊変系列として，トリウム系列（4n 系列；図2），ウラン系列（4n + 2 系列），およびアクチニウム系列（4n + 3 系列）が知られている．

第2部　応用編

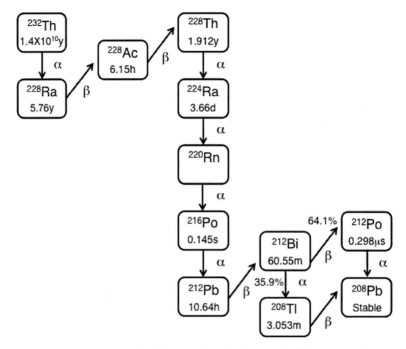

図2　トリウム系列（4n系列）．核種とその半減期を示す．

本実習で用いる線源の一つは，トリウムを含むガラス繊維である．トリウムは天然に存在する放射性物質の一つであり，前述したようにα崩壊による壊変系列をつくる（トリウム系列；4n系列）．壊変系列をつくる放射性核種のなかには気体のラドンが含まれており，それらは，^{222}Rn（ウラン系列），^{220}Rn（トリウム系列），および^{219}Rn（アクチニウム系列）である．このうち，ラドン（^{222}Rn；ウラン系列）と区別するために，^{220}Rn（トリウム系列）はトロン，また，^{219}Rn（アクチニウム系列）はアクチノンとも呼ばれる．

[1.1.4. α線と物質との相互作用]
　α線は，飛跡に沿って一様に物質を電離するのではなく，止まる直前に電離を多く起こす．このような速度による電離の度合いの違いは，β線ではほとんどみられず，重粒子線の特徴である．α線のような荷電粒子が物質中を通過するとき，その経路の単位長さ当たりに生じるイオン対の平均数を比電離という．比電離は飛程の終わりの部分でピークになる．これを示した曲線をBragg曲線という（図3）．

[1.1.5. 霧箱の原理]
　本実習で作成するのは，拡散型霧箱といわれるタイプである．容器の上部壁面に帯状スポンジを貼り付け，エタノールを吸収させる．同時に容器の底面をドライアイス（-78.5℃）によって冷却する．容器上部にフタをすると，上部は常温なのでエタノールが蒸発し，ほぼ飽和蒸気圧となる．一方，下部はアルコール蒸気が-70℃近くまで冷却されるので，底面から数mm程度の厚さに過飽和領域が生じる．α線が空気中の窒素や酸素原子を電離させてイオン対をつくると，これらがアルコール分子を引きつけ，過飽和領域では小さな液体粒子に成長する．この粒子が光を反射するので霧状のα線による飛跡が見えるようになる．

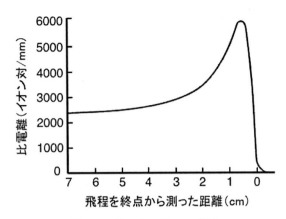

図3 α線によるBragg曲線

ひとつのα線がその飛跡に沿って周りの物質をどのように電離するのか，その様子を表している．

【1.2. 実験方法】
[1.2.1. 材料・試薬・器具]
3人一組で実習を行うので，予め役割分担を決めておくこと．
(1) 霧箱一式
(2) 発泡スチロール板
(3) 道具箱（スプーン，ハサミ，両面テープ，ビニールテープ，エタノール，ピペット，ストップウオッチ，数取器，マジックペン，まち針）
(4) ドライアイス，木槌，軍手
(5) α線源（トリウム含有ガラス繊維）
(6) ダスト線源（主にラドン ^{222}Rn の娘核種及び孫核種）

[1.2.2. 操作]
＜注意＞
霧箱組立作業を始める前に，掃除機を用いてダスト線源作成の準備をする．
- 掃除機のダスト吸入口にコーヒー濾過用フィルターを装着する．
- 締め切ったコンクリート壁の部屋において，吸入強度「弱」にして約30分間空気中のダストをフィルター上に吸着させる．これをダスト線源とする．
- ダスト線源作成中に次の霧箱を作成する．
- ダスト線源に含まれる放射性物質と放射線の種類を話し合い，その放射能を予測すること．
- 実験器具および全ての線源は回収するので，指示されてから行動すること．
- 教員の指示に従ってあとかたづけを行うこと．

[1.2.2.1. 霧箱作成]
(1) 発泡スチロール板を用い，霧箱底部の形状に合わせてドライアイスを入れる皿状容器を作

成する．両面テープで貼り合わせ，外側をビニールテープで補強する．
(2) ドライアイスを木槌で粉砕し，これをふるいにかけて粉状になったものを発泡スチロールの皿の上に表面が平坦になるようにスプーンを用いて敷き詰める．
(3) 粉状のドライアイスを敷き詰めた皿状容器の上に，霧箱を置いて，上からしっかりとドライアイスに密着させる．
(4) ピペットでエタノールを数 mL 吸い取り，スポンジにまんべんなく滴下してしみこませる．
(5) まち針に付着させた α 線源をフタの中央部に貼り付け，逆さにしてフタをする（図4）．

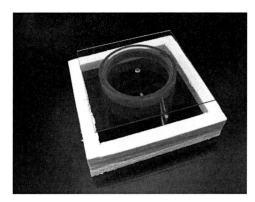

図4 完成した霧箱の外観

ドライアイスに底面を密着させて十分に冷却することが大切である．

[1.2.2.2. 観察]

［Ⅰ］トリウム含有ガラス繊維（まち針）を用いた α 線飛跡の観察
(1) まち針の頭（トリウム含有ガラス繊維が巻き付けてある）を，エタノール過飽和層の位置に設置する．実習で用いる霧箱では，まち針の頭が過飽和層に一致するように設計されている．
(2) 照明を消し，懐中電灯を用いて霧箱の側面から光を当てる．
(3) α 線の飛跡について**以下の点に留意して**観察する．
 - α 線は直進し，空気中で散乱されない．
 - α 線の放出は確率的であり，また，3次元的に生じる．
 - 飛跡が終わる数 mm 手前で飛跡の太さが一番大きくなる．

［Ⅱ］ダスト線源を用いた α 線飛跡の観察
(1) 掃除機吸入口に装着したフィルターを取り外し，ダスト吸着部分の円周をマジックペンで印する．
(2) ダスト吸着部のフィルターを，ハサミで幅 4 mm，長さ約 60 mm の短冊にして10本切り分ける．
(3) 短冊状フィルターのダスト吸着部を下にして，下から 47 mm（まち針と同じ長さ；まち針で長さを合わせよ）上部をビニールテープで霧箱のフタに貼り付ける．

(4) フタを裏返して霧箱にセットし，短冊状フィルターの下部がちょうど過飽和層に接するようにする（短冊状フィルターをまち針の長さに合わせるとちょうど過飽和層に届くはずである）．
(5) 照明を消し，懐中電灯を用いて霧箱の側面から光を当てる．
(6) **次の点に留意してダスト線源からの放射線の飛跡を観察する**．
- 直進する飛跡は α 線であるが，核種は何と推定されるか．
- 直進する飛跡の他に，散乱される飛跡が見えるがこの放射線は何と推定されるか．

[Ⅲ] トロンガス線源を用いた α 線飛跡の観察
(1) 霧箱のフタを少し開け，トリウムを含むガラス繊維を入れた注射器からトロンガスを含む空気を霧箱内に静かに注入する．
(2) 照明を消し，光源を用いて霧箱の側面から光を当てる．
(3) **次の点に留意してトロンからの α 線飛跡を観察する**．
- トロンからの α 線の飛跡は，放出方向が異なる2本がペアになって見えるのはなぜか．
- 次の要領で，ある時点から60秒後における α 線の飛跡数を目視で計測し，トロンの半減期を推定せよ．
  ① 飛跡の数が10〜20程度になった時点で，ストップウオッチと数取器を用いて，15秒間，飛跡の数を数える．
  ② 60秒後，ストップウオッチと数取器を用いて，15秒間，飛跡の数を数える．

【1.3. レポートおよび課題】
(1) α 線が直進する理由はどのように説明されるか．
(2) α 線の飛跡が終わる数 mm 手前で飛跡の太さが一番大きくなるように見えるのは，どのような理由からか．
(3) ダスト線源の α 放出核種を推定しなさい．
(4) ダスト線源からでる散乱される放射線は何と考えられるか．
(5) トロンからの α 線の飛跡がペアになって見えるのはなぜか．
(6) トロンの半減期について，実験から得られた値と実際の値を比較しなさい．
(7) がんの放射線療法において，重粒子線はX線や γ 線に比べて優れたいくつかの特性を有すると言われている．このうち，放射線と物質との相互作用の観点から，重粒子線が放射線療法において優れている理由を説明しなさい．
(8) 日本人が自然放射線から受ける一人当たりの平均年間放射線量に関して，(1)ラドン（空気中），(2)大地（地殻），(3)宇宙線，(4)食物の4項目の寄与を調べなさい．単位はmSv（ミリシーベルト）を用いること．Svは，放射線の人体影響を表すときに用いる線量の単位である．
(9) 放射線の人体影響について，調べてまとめなさい．
(10) 本実習について感想を述べなさい．

第2部 応用編

【1.4. 参考資料】

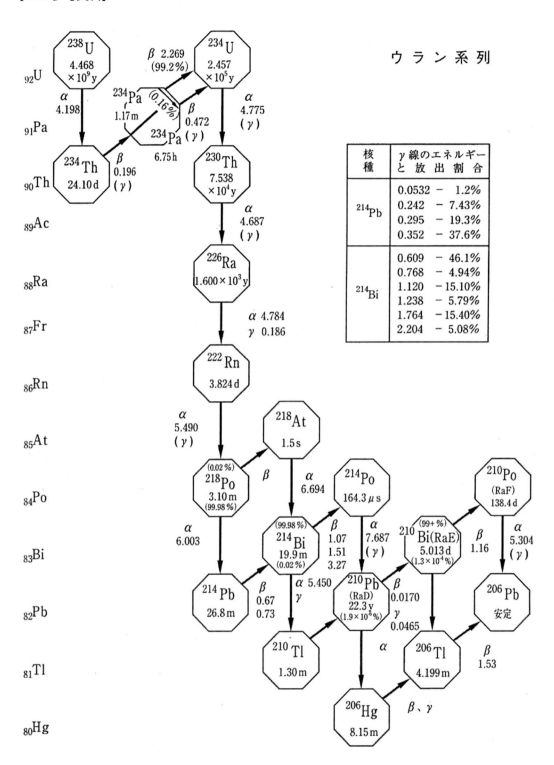

ウラン系列

核種	γ線のエネルギーと放出割合
^{214}Pb	0.0532 − 1.2% 0.242 − 7.43% 0.295 − 19.3% 0.352 − 37.6%
^{214}Bi	0.609 − 46.1% 0.768 − 4.94% 1.120 − 15.10% 1.238 − 5.79% 1.764 − 15.40% 2.204 − 5.08%

2. 課題B　細菌を用いた紫外線DNA損傷の検出

【2.1. 実験に関する注意事項】

無菌操作でのバーナー使用中，操作(4)～(7)は火気取扱に十分注意すること．

紫外線照射操作(5)では防護措置に疎漏のないよう（長袖白衣，防護メガネ，手袋を正しく着用）十分注意すること．

試験菌株はバイオハザートとして処理すること．

【2.2. 実験の背景・原理・目的】

[2.2.1. 細菌のDNA損傷応答]

細菌にはSOS反応と呼ばれる，DNAが広範に損傷した場合に細胞の死滅を避ける緊急の応答反応がある．これは，紫外線や放射線，化学物質等によってDNAが損傷すると，細胞分裂の停止，DNA修復能の活性化，突然変異の誘導など一連の反応を起こし生存を図る適応応答である．このとき発現が誘導されるいわゆるSOS遺伝子は40種類以上あり，主として*recA*と*lexA*の両遺伝子産物によってその発現が調節されている．

平常状態では，LexAレプレッサータンパク質がSOS遺伝子のプロモーター領域に結合することにより発現を抑制している．しかしDNA損傷が多数生じたSOS誘導状態では，RecAタンパク質が活性化し，LexAレプレッサータンパク質を分解することにより，この発現抑制が解除され，SOS遺伝子が一斉に誘導される．その後，DNAが修復されてLexAタンパク質が合成されると，元の平常状態に戻る．

SOS遺伝子のなかに*umuD*, *umuC*がある．*umuC*遺伝子の産物は，UmuDタンパク質と複合体を作り，DNAポリメラーゼVとして損傷乗り越えDNA合成を行う．損傷乗り越えDNA合は，傷ついたDNAを鋳型に娘鎖を合成するDNA複製機構である．損傷箇所においてDNA複製フォークが停止し下流の娘鎖が欠落することを防ぐ．しかし損傷DNAの複製に際して高頻度に塩基の誤対合が生起するため突然変異誘発の原因となる．

[2.2.2. umu試験]

*umu*試験は，SOS反応を利用して被験剤のDNA損傷性を検出するネズミチフス菌*Salmonella Typhimurium* TA1535[*]を用いたバイオアッセイである．SOSオペロン下流にレポーター遺伝子を連結したプラスミドpSK1002を導入したネズミチフス菌（TA1535/pSK1002株）を用いる．

菌体内でSOS応答が誘導されるとレポーター遺伝子が発現する．pSK1002は*umuDC*オペロンの下流側の*umuC*遺伝子とレポーター遺伝子の*lacZ*遺伝子とを結合させた*umuC::lacZ*融合遺伝子を持つ．変異原によってDNAが損傷され，その結果SOS反応が誘導されると*umuC::lacZ*融合遺伝子が発現し，その産物のUmuC::LacZ融合タンパク質が産生される．この融合タンパク質のβ-ガラクトシダーゼ活性を測定することで変異原物質のDNA損傷性を検出，定量することができる．

第 2 部　応用編

*TA1535 は変異原性試験の Ames 試験に用いられる菌株である．

[2.2.3. 本実験の目的]
　TA1535/pSK1002 株に紫外線を照射し，DNA 損傷応答を *umu* 試験で検出する．

【2.3. 実験方法】
[2.3.1. 材料・試薬・器具]
<u>機器</u>
遠心機，ウォーターバス，紫外線照射装置，紫外線量計，ボルテックスミキサー，分光光度計
<u>器具</u>
滅菌済試験管，滅菌済み試験管キャップ，滅菌済みプラスチックディッシュ，マイクロピペッター（最大容量 20 μL，最大容量 200 μL，最大容量 1,000 μL），滅菌済みピペットチップ，滅菌済みディッシュ，セミミクロキュベット，油性ペン，ガスバーナー，ディスポーザブル手袋
<u>菌株・試薬</u>
TGA 液体培地（グルコース 0.2%，アンピシリンナトリウム 20 μg/mL 含有）中で OD_{600}=0.3 まで培養した TA1535/pSK1002 株培養液，Z-緩衝液，0.1% SDS，クロロホルム，ONPG（*o*-Nitrophenyl-*β*-galactopyranoside）4 mg/mL 含有 0.1 M Na-phosphate 緩衝液（pH 7.0），1 M Na_2CO_3
変異原性を測定してみたい液体を班で 1 つ持参してもよい（20 μL 使用）．

[2.3.2. 操作]
(1) 4 本の試験管本体上部に油性ペンで班名を書く．さらに 1 本ずつそれぞれ「0」，「7 J」，「15 J」，「持参試料」と追記する．
(2) 2 枚のプラスチックディッシュに油性ペンでそれぞれ「7 J」，「15 J」と書く．
(3) TA1535/pSK1002 株培養液をボルテックスミキサーで軽く攪拌する．
(4) 「0」と「持参試料」の 2 本の試験管と，「7 J」と「15 J」の 2 枚のプラスチックディッシュに TA1535/pSK1002 株培養液をそれぞれ 2 mL ずつ分注する．
(5) プラスチックディッシュ上の菌株にそれぞれ 7 $[J/m^2]$（「7 J」のディッシュ），15 $[J/m^2]$（「15 J」のディッシュ）の紫外線を照射する．なお線量計の表示単位は $[μW/cm^2]$ である．紫外線照射装置の当日の線量率からそれぞれの照射時間を決定すること．また紫外線はプラスチックを透過しないので，照射開始時刻はディッシュの蓋を開けた瞬間とすること．
(6) 紫外線を照射した菌株それぞれ全量を，それぞれ対応する試験管（「7 J」もしくは「15 J」）に移す．
(7) 「持参試料」の試験管に自分で準備した試料 20 μL を加え，ボルテックスミキサーで軽く攪拌する．
(8) 4 本の試験管（「0」，「7 J」，「15 J」，「持参試料」）の菌株を 37℃ ウォーターバス中で 1.5 時間培養する．

(9) (8)の試験管をウォーターバスから取り出し,ボルテックスミキサーで軽く撹拌する.
(10) 28℃のウォーターバスで発色基質ONPG溶液の試験管を加温する.
(11) 新たに4本の試験管を準備し,管上部に油性ペンで班名と試料名(「0」,「7 J」,「15 J」,「持参試料」)を書く.
(12) (11)の試験管全てに,Z-緩衝液1.8 mLと0.1% SDS 100 μL,クロロホルム1滴を加える.
(13) (12)の試験管それぞれに,試料名が対応するように(9)の菌液0.2 mLを加え,ボルテックスミキサーでよく撹拌する.
(14) (13)の4本の試験管を28℃ウォーターバス中で5分静置する(この溶菌操作でβ-ガラクトシダーゼが菌体から放出される).
(15) (14)の4本の試験管それぞれに(10)のONPG溶液0.2 mLを加え,軽く撹拌したのち,正確に20分間28℃ウォーターバス中で静置する(この間β-ガラクトシダーゼがONPGを分解し発色する).
(16) (15)の4本の試験管それぞれに1 M Na$_2$CO$_3$ 1 mLを加え反応を停止させる.試験管外側の水滴は拭き取る.
(17) 分光光度計で(16)の4本の試験管のOD$_{420}$とOD$_{550}$を測定する.
(18) (9)の4本の試験管(残りの菌株)をボルテックスミキサーで軽く撹拌したのち,それぞれ1 mLをセミミクロキュベットに移し,分光光度計でOD$_{600}$を測定する.光路と試料奥行き(1 cm)が一致するようキュベットの向きに注意すること.
(19) 次の式からβ-ガラクトシダーゼ活性を計算する.

β-ガラクトシダーゼ活性 [unit] = $1000 \times (OD_{420} - 1.75 \times OD_{550}) \div (20 \times 0.1 \times OD_{600})$

なお分母の「20」は酵素反応時間20 [分],「0.1」は反応液中の菌液量比(0.2 [mL] ÷ 2 [mL])である.

(20) 使用済み菌液をバイオハザードとして処理する.ガラス管は洗浄し,マーク(班名と「0」,「7 J」,「15 J」,「持参試料」)を消す.

【2.4. レポートおよび課題】
(1) 紫外線照射線量 [J/m^2] とβ-ガラクトシダーゼ活性 [unit] の関係をグラフで示すこと.
(2) 持参試料の結果についての考察を記載すること.
(3) SOS応答について調べ,簡単に説明すること.
(4) 実習の感想(感想,意見,要望など)を記載すること.

3. 課題C マウス臓器に対する放射線影響の解析

【3.1. 実験に関する注意事項】
- 本実験では解剖道具を使用する.これらの道具には鋭利なものもあり,不用意に扱うと事故の原因になるので,十分注意して使用すること.

- 臓器の摘出において，体内の位置関係，形状を理解していることが重要である．入門編「マウスの解剖実習」を復習しておくこと．
- 実験では，マウスの死体，臓器，血液の付いた器具等，医療用廃棄物が発生する．必ず指示を受けてから廃棄処理を行うこと．

【3.2. 実験の背景・原理・目的】

　放射線の生体影響は，急性影響と晩発影響に分かれる．本実験では，放射線による急性影響を，生体内で最も感受性が高い造血系組織の変化に着目して調べる．特に，胸腺，及び脾臓に存在するリンパ球・白血球は放射線に感受性が高い細胞として知られている．放射線による細胞死は，1) 増殖死（reproductive death），あるいは分裂死（mitotic death）と，2) 間期死（interphase death），あるいは非分裂死（non-mitotic death）に分けられる．放射線生物学では細胞死というと増殖死をさすことが多いが，それは骨髄や腸の幹細胞の増殖死が放射線による個体死（骨髄死，あるいは腸死）の原因となっているからである．しかし，個々の細胞に着目した場合，増殖死は増殖能を失っているが，必ずしも死んでいるわけではない場合もある（細胞老化）．一方，間期死は放射線照射を受けた細胞そのものの死を意味し，内在的な自爆装置が働いて細胞分裂を待たずに短時間のうちに死んでしまうもので，アポトーシス（apoptosis）とよばれる．

　本実験では異なる線量の放射線を照射したマウスの臓器の重量および細胞数を求めることで，放射線が各臓器に与える影響について考察する．また，照射後日数を変えた臓器を観察することで，造血組織の回復過程について考察する．

[3.2.1. エックス線発生原理]

　陰極フィラメントに数十〜数百 kV の高電圧をかけると熱電子が飛び出し，陽極側にあるターゲット（タングステン等）に衝突する．この時，2種類のX線（特性X線，制動X線）が放射される．

特性X線：陰極からの電子によってターゲットの内殻電子が弾き飛ばされると，その後の空軌道に外殻電子が遷移する．この時に，電子軌道のエネルギー差に等しいエネルギーのX線が放出される．これを特性X線と呼び，軌道間のエネルギー準位が飛び飛びなので，発生するエネルギー（波長）は不連続になる．

制動X線：陰極からの加速電子は原子核のクーロン場によってその軌道を曲げられ，制動がかかり，運動エネルギーを失う．その時，失ったエネルギーの一部をX線として放射する．これを制動放射線とよぶ．失うエネルギーは連続なので，このX線は連続波長分布を持つ．

[3.2.2. ベルゴニー・トリボンドーの法則]

　1906年，ベルゴニーとトリボンドーはラットの精巣に放射線を照射してその影響を調べ，次のような法則を見いだした．

(1) 細胞は分裂頻度が高いほど放射線感受性が高い．
(2) 将来長期にわたって分裂する細胞は放射線感受性が高い．
(3) 形態的あるいは機能的に未分化である細胞は放射線感受性が高い．

これらは，現在でも生体組織の放射線感受性を予測するのに重要な法則である．

[3.2.3. 組織の放射線感受性]

生体を構成する組織は，一旦完成すると細胞分裂しない定常系組織，平常では細胞分裂しないが一部が失われると細胞分裂が生じて再生される休止系組織，及び幹細胞が分裂することによってたえず死滅した細胞が新しい細胞に置き換わっている再生系組織に分類できる．組織の放射線感受性は，ベルゴニー・トリボンドーの法則にほぼ従う（表1）．このうち，末梢血リンパ球は分裂していないにもかかわらず放射線感受性が高い．ベルゴニー・トリボンドーの法則に従わない例外である．

[3.2.4. 造血臓器の放射線感受性]

造血臓器は典型的な細胞再生系の一つであり，極めて放射線感受性が高い組織の一つである．血液成分の一つ，リンパ球は細胞性免疫を司るTリンパ球と，液性免疫を司るBリンパ球に大別される．胸腺と脾臓はリンパ球の成熟場所として，重要な機能を持つ．一般に，未分化な細胞ほど放射線感受性は高く，分裂能力を失った，末梢血細胞のような成熟細胞の放射線感受性は低い．しかし，例外的にリンパ球は，極めて放射線感受性が高く，照射後数時間以内で間期死をおこす．このため，リンパ球の存在する胸腺，脾臓組織は数日内に萎縮する．しかしながら，生き残った造血幹細胞が分裂を開始することで，リンパ球が新たに供給され各臓器の重量は回復する．この回復の早さは各臓器に含まれるリンパ球の増殖，分化速度に依存する．造血幹細胞は通常骨髄内で分裂するが，血液細胞が急激に枯渇した場合には，脾臓や肝臓を造血の場として幹細胞が増殖することがある．この時，一個の幹細胞に由来する増殖部位が白い斑点として現れることがあり，脾臓ではこれを脾コロニーと呼ぶ．

表1 組織・器官・臓器における放射線感受性

感受性	組織・器官・臓器	説明
非常に高い	リンパ組織 造血組織（骨髄、胸腺、脾臓） 生殖腺（卵巣、精巣） 粘膜組織（腸クリプトなど）	幹細胞の分裂頻度が高い、再生系組織
比較的高い	唾液腺 毛のう 汗腺 皮膚	内分泌線、外分泌腺の一部
中程度	肺 腎臓 副腎、肝臓、脾臓 甲状腺	幹細胞の分裂頻度は高くないが、再生能力をもつ休止系組織
低い	筋肉 結合組織、脂肪組織 軟骨 神経線維	体の構造を指示しているもので、成体ではほとんど細胞分裂を行わない定常系組織

[3.2.5. 血球計算盤]

計算盤にはいくつかの種類があるが，いずれの目盛も図1のように，縦横とも一辺3 mm，深さは0.1 mmで，これが各三等分されている．縦横で三等分された，1 mm×1 mmの9個の各分画の容積は 0.1 cm × 0.1 cm × 0.01 cm = 1.00×10^{-4} cm^3 となる．実際にはW1〜W4分画すべてを数えて4で割った平均値を使う．このとき，各分画の細胞数が100程度になるように細胞を希釈調整する．また，境界線上にある細胞は重複を避けるため，図2に示すように相対するいずれかの2辺のみを数えるようにする．例えば，W1〜W4分画全ての細胞数をXとするとその細胞濃度は $X/4 \times 10^4$ 細胞/mL となる．つまり，各視野内に100細胞程度あれば細胞濃度は 10^6 細胞/mL 程度となる．

図1 目盛り線図　　　　図2 線上にある細胞の数え方

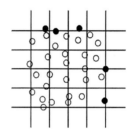

●印のものは数えない

*単位はμm

【3.3. 実験方法】

実験は1〜4班に分けて行う．実験条件ごとに3匹のX線照射マウスを使用する．最終的に全てのデータを集計してレポートにまとめる．班分けは以下の通りとする．

班	線量	照射後日数	マウス個体数
1	0 Gy	0	3
2	5.5 Gy	3	3
3	5.5 Gy	13	3
4	5.5 Gy	30	3

[3.3.1. 材料・試薬・器具]

解剖ハサミ，眼科用ハサミ，ピンセット，1.5 mL マイクロチューブ，15 mL コニカルチューブ，電子天秤，マイクロピペッター，顕微鏡，血球計算盤，スライドガラス，カバーガラス，PBS(−)液，数取器，培養皿 (60 mm)，マーカーペン，紙製解剖台，ろ紙，押ピン (4個)，消毒用アルコール噴霧器，ビニール袋 (ゴミ用)，プラスチック手袋，7週令ICRマウス

[3.3.2. 操作]
[3.3.2.1. マウスの固定と開腹まで]
(1) 各班で1.5 mLマイクロチューブを2本用意し，一方にT（胸腺用），もう一方にS（脾臓用）とマーカーペンで記入する．
(2) 2つの1.5 mLマイクロチューブにPBS(−)液をそれぞれ0.5 mL加え，各々の重量を量る．
(3) 紙製解剖台にろ紙（紙面を上面にして）をビニールテープで貼り付ける．
(4) 安楽死させたマウスを受け取り，腹部を上にして解剖台に押ピンで固定する．
(5) 一人がプラスチック手袋をして解剖を担当し，残りがテキストを見ながら解剖者に指示を出すこと．
(6) 消毒用アルコールを軽く腹部に吹き付けて，毛を濡らす．
(7) 腹部の皮膚をピンセットで軽く持ち上げ，解剖ハサミで皮に切れ目を入れる．次に腹部から胸部にかけて，縦に直線的に皮を切る．
(8) 両手にピンセットを持ち，切り開いた皮の端を挟んで左右に皮を引っ張り，腹部を広く露出させる．
(9) 眼科用ハサミに持ち替え，腹膜をピンセットでつまんで上に引き上げながら，軽く切れ目を入れ，次に，縦に胸部まで直線的に腹膜を切る．

[3.3.2.2. 臓器摘出]
(1) 腹膜を左右に十分に広げ，マウスの左脇腹付近に位置する赤黒く細長い脾臓を傷つけないよう注意深く取り出し（図3），マイクロチューブSに入れる．
(2) 次に，解剖用ハサミで胸部から喉元まで，縦に直線的に皮を切り，ピンセットで左右に皮を引張って胸部を露出させる．
(3) 眼科用ハサミで横隔膜を切り，左右の肋骨を上方へ切り開く．胸骨を裏返すと心臓の上方に左右に羽を広げたような形態の白色の胸腺が現れる（図3）．胸腺は柔らかい袋状の組織なので傷つけないように注意深く摘出し，マイクロチューブTに入れる．
(4) チューブSとチューブTに，マウス1個体分の摘出臓器を入れ，重量を量る．先に計量した値を差し引いて，脾臓および胸腺について班ごとに平均重量を計算し，結果を他班と比較する．
(5) 脾臓の表面に丸い白色の隆起（脾コロニー）があるか否か観察する．

実験条件（班）	線量（Gy）	照射後日数	平均脾臓重量（mg）（1匹当たり）	平均胸腺重量（mg）（1匹当たり）
1	0	0		
2	5.5	3		
3	5.5	13		
4	5.5	30		

第2部　応用編

[3.3.2.3. 細胞懸濁液の調製]
(1) 2本の15 mLコニカルチューブにマーカーペンでS（脾臓用）およびT（胸腺用）とラベルし，試験管立てに立てる．
(2) 2枚の60 mm培養皿にマーカーペンでS（脾臓用）およびT（胸腺用）と記入し，それぞれにPBS(-)液5 mLを入れる．
(3) ピンセットで脾臓（S；1個体分）と胸腺（T；1個体分）をそれぞれ培養皿に移す．
(4) 眼科用ハサミでそれぞれの臓器を2つに切る．
(5) 1枚のスライドグラスのスリ部を上にして培養皿上におよそ30度の傾斜で保持する（スリ部をPBS(-)液になるべく近づけて真上で保持する）．
(6) 脾臓片をピンセットで摘んで，保持したスライドグラスのスリ部にのせる．もう一枚のスライドグラスのスリ部で脾臓片をはさみ，脾臓を揉むようにして内部の細胞をPBS(-)液に懸濁させる．臓器の外側の袋が透明になれば内部の細胞が全部出たことになる．
(7) 続いて胸腺も上記ステップ6と同様にして細胞懸濁液を調製する．
(8) マイクロピペッターを用いて，脾臓細胞懸濁液は15 mLコニカルチューブSに，胸腺細胞懸濁液は15 mLコニカルチューブTに，それぞれ全て移す（全量5 mL）．

[6] 塗抹標本作製（標本は各自で作製）
(1) スライドガラスを用意し，磨りガラス部分に名前，日付，標本名（SまたはT）を鉛筆で記入．
(2) 標本懸濁液を5 µL取り，スライドガラス短辺から約15 mmの位置に滴下する．
(3) 滴下した懸濁液にカバーガラスの一片を付け，約30度の角度を保持する．
(4) 角度を保持したまま，0.5秒で端まで滑らせる．
(5) 残りの懸濁液試料についても同様に標本を作成する．
(6) 塗抹試料はそのまま風乾させ，次回の実習で使用する．

[3.3.2.4. 細胞数調整]
(1) 2本の1.5 mLマイクロチューブを用意し，S（脾臓用）およびT（胸腺用）とラベルする．
(2) 細胞が沈殿しないようによく混ぜた脾臓細胞懸濁液を50 µLのマイクロピペッターで1.5 mLマイクロチューブSに移す．同様に50 µLの胸腺細胞懸濁液を1.5 mLマイクロチューブTに移す．
(3) それぞれの細胞懸濁液の入ったチューブにPBS(-)液950 µLをそれぞれ加え，マイクロピペッターを用いて静かに良く撹拌する（細胞を20倍に薄めたことになる）．撹拌する際には，チップを取り替える．
(4) 血球計算盤には目盛部分が上下2箇所ある．マーカーペンで上部の横にS，下部の横にTとラベルする．
(5) マイクロピペッターで脾臓細胞混合液を10 µL取り，血球計算盤の上部スリットに注入する．同様に胸腺細胞混合液10 µLを下部スリットに注入する．

(6) 顕微鏡ステージに血球計算盤をセットし，10倍対物レンズを用いて細胞を観察する．

[3.3.2.5. 細胞数測定]
(1) 図1のように血球計算盤の格子が見えるようにフォーカスを調整する．
(2) 染色されていない生細胞数を4画分数え，それらの平均値から1mL当たりの細胞数を算出する．
(3) 細胞を懸濁したPBS(-)液の全量（5mL）から胸腺および脾臓1個体当たりの細胞数を求める．

臓器の細胞数＝細胞濃度（細胞数/mL）× 20（希釈倍率）× 5（細胞懸濁液全量；mL）

(4) 班ごとに臓器別細胞数（脾臓および胸腺）からそれぞれの平均値を求め，その結果を他班の値と比較する．

実験条件（班）	線量（Gy）	照射後日数	平均脾臓細胞数（1匹当たり）	平均胸腺細胞数（1匹当たり）
1	0	0		
2	5.5	3		
3	5.5	13		
4	5.5	30		

【3.4. レポートおよび課題】
(1) 臓器重量への影響
実験条件1（0Gy）の臓器重量を100%として，実験条件ごとの臓器重量比（%）を臓器別に棒グラフで示しなさい．このグラフから，放射線が脾臓および胸腺に与える影響について考察しなさい．
(2) 細胞数への影響
実験条件1（0Gy）の細胞数を100%として，実験条件ごとの生存細胞数比（%）を臓器別に棒グラフで示しなさい．このグラフと上記(1)臓器重量への影響で作成したグラフとを合わせて考察しなさい．
(3) 血球数の変化
放射線による全身被ばく後の血球数の継日変化について文献を調べ，血球数変化がもたらす個体への影響について考察しなさい．
(4) アポトーシス
放射線により誘発されるアポトーシスについて文献を調べ，簡潔に説明しなさい．
(5) マウス個体への影響
放射線被ばくによって脾臓および胸腺に生じた変化がマウス個体の生存にどのように影響

するか考察しなさい．

(6) 脾コロニー
5.5 Gy 全身被ばく個体の脾臓に見られた脾コロニーは造血系幹細胞の増殖により形成されたものである．その意味について考察しなさい．

4．課題D　マウス染色体に対する放射線影響の解析

【4.1. 実験に関する注意事項】
- ギムザ染色液は染色性が強いので，白衣，手袋を着用して実験を行う．
- 廃液および汚染物は指示があるまで，廃棄しないこと．

【4.2. 実験の背景・原理・目的】
　課題Cでは被ばくしたマウスの臓器の重量および細胞数を求めることで，放射線が各臓器に与える影響について考察した．そこで観察された現象は，細胞死を主因としたものである．本実験では，被ばくマウス臓器より作成された塗抹標本を用い，血球中の微小核を指標とした遺伝毒性について考察する．

＜ギムザ染色について＞
　ギムザ染色液は，メチレンブルー，アズールBおよびエオシンYの混合物から成り，マラリアの寄生虫の存在を実証するための試薬の組み合わせとして開発された．名称は発明者のGustav von Giemsaに由来する．血液細胞の酸性度と塩基性の親和性を利用するため，酸性染料と塩基性染料の両方で構成される．アズールBおよびメチレンブルーはリン酸を持つ核に結合し青紫色を作り出す．エオシンYは酸性染料であり，アルカリ性である細胞質および細胞質顆粒に引き寄せられる．染料に含まれるゴミを除くため，pH6.8のリン酸緩衝液を用いて染色液は用時調整し使用される．

【4.3. 実験方法】
[4.3.1. 材料・試薬・器具]
課題Cの実験で作成した塗抹試料，5%ギムザ染色液（リン酸緩衝液（pH6.8）），メタノール，染色ビン，カバーガラス，封入材，顕微鏡

[4.3.2. 操作]
(1) ペーパータオルの上に風乾させたスライドガラスを置き，スメアに500 μLのメタノールをゆっくり滴下して全体を1分間浸す．
(2) スライドガラスを引き挙げ，5分間乾燥させる．
(3) 500 μLの5%ギムザ染色液をゆっくり滴下して，20分間染色する．
(4) 水をビーカーに取り，30秒程度，脱色する．脱色が足りなければ，さらに30秒行う．

(5) 風乾後，顕微鏡観察を行う．
　　観察で注目するところ．
- 細胞内部で濃く染まるところ，薄く染まるところがある．
- 細胞間で染色性，染色像が異なる．
- 大きな核（主核）とすぐそばに小さな核（微小核）が見えることがある．

<油浸レンズについて>
開口係数（N. A.）：開口係数は接眼レンズの性能を示す数値で以下の式で与えられる．
N. A. = n sin θ
　　n：サンプルと対物レンズの間にある媒質の屈折率
　　θ：サンプルから対物レンズに入射する光の最大角
　　（sin θ の最大値は 1）

浸液	屈折率
オイル	1.515
空気	1.0

分解能：光学系で2つの点光源が2点として見分けることができる最小間隔を分解能と言い，以下の式で表すことができる．開口係数が大きくなるほど，詳細な像を得られる．
　　分解能 = 0.61 λ /NA
　　　λ：波長

<液浸対物レンズの使い方[*]>
(1) 低倍率の対物レンズから順に高倍率まで標本にピントを合わせる．
(2) 液浸対物レンズを光路に入れる前に，標本の観察部位上に付属のイマージョンオイル※を滴下する．
(3) レボルバを回し，液浸対物レンズを光路に入れ，微動ハンドルでピントを合わせる．
(4) 使用後，レンズ先端に付着しているイマージョンオイルは少量の無水アルコールをガーゼに含ませて入念に拭き取ってくる．
*ここでは一般論を記載している．油浸レンズごとに特性があるので，使用するオイルおよびレンズの管理はメーカーごとに異なる．

【4.4. レポートおよび課題】
(1) 微小核発生頻度
　　実験条件ごとの微小核発生頻度を臓器別に棒グラフで示しなさい．このグラフから，放射線が脾臓および胸腺に与える影響について考察しなさい．
(2) 放射線の影響
　　前回の実験では細胞重量および細胞数の変化を指標に放射線の影響を考察した．今回の実

習では微小核発生頻度を指標に放射線の影響を考察した．「細胞障害性」と「遺伝毒性」の観点から，2つの指標の違いについて考察しなさい．

(3) 顕微鏡の利用について

① 以下の条件で通常のレンズと油浸レンズの最小分解能をそれぞれ答えなさい．

θ：72度

λ：550 nm

② 屈折率が1を超える溶液は多数存在する．例えば，水を使った水浸レンズがある．この場合の開口係数を求め，利点および欠点を述べなさい．

21. マウス体外受精による初期発生の観察

【1．実験スケジュール】

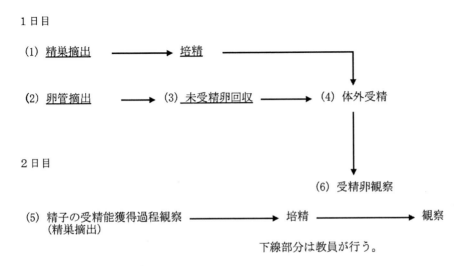

下線部分は教員が行う。

【2．事前の注意事項】

本実験では針付シリンジ，カミソリなどを使用する．取扱には十分気をつけること．
また，使用中は周囲の状況を良く確認して，危険のないようにすること．

【3．実験の背景・原理・目的】

　体外受精法はその名の通り，受精過程を体外で行う操作である．この技術の応用は，遺伝子改変マウスの作製に使われる．また，不妊治療のための医学利用としても行われている．本実習の目的は，マウスの受精から初期発生の過程を理解することである．本実習での体外受精操作の概要を以下に示す．
　過排卵処理された雌マウスから未受精卵を回収し，同時に雄マウスから精子を回収する．培精によって受精能を獲得した精子は培養皿内で未受精卵と受精する．受精後10~12間後には1回目の卵割が生じる．通常，この細胞を子宮に戻すことで体外受精が完了する（図1）．

第 2 部　応用編

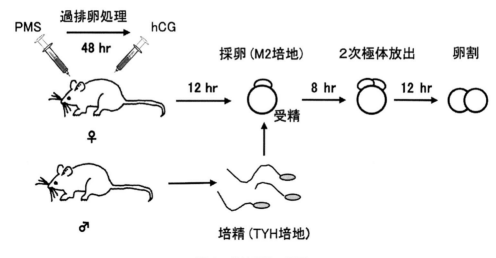

図 1　体外受精の概要

用語解説：PMS: 妊馬血清性腺刺激ホルモン（セロトロピン），hCG: ヒト絨毛性性腺刺激ホルモン（ゴナトロピン），過排卵処理：マウスに PMS，および hCG を 48 時間間隔で腹腔内注射して過排卵を誘起する処理；培精，精子を培養液中で培養すること．受精能の獲得に必要．

[実験マウスの起源]

　1909 年，Castle は米ハーバード大ビュッセー研究所・初代所長として多種の動物における変化しやすい遺伝子の性質を研究していた．そのなかにショウジョウバエの突然変異から染色体が遺伝子の実体であることを証明した Morgan（1933 年ノーベル賞）らもいた．現在の実験用マウスの多くは Lathrop らが導入したマウスを起源としている．彼女は 1900 年代当初，ペット繁殖農場を経営していたが，研究者たちの実験動物としてのマウス需要に応えて規模を拡大，高度な繁殖プログラムを構築した．繁殖マウスの種としてバーモント・ミシガン州で捕まえた野生マウス，ヨーロッパや北米で入手したマウス，および日本の江戸時代に愛玩用に繁殖されていた舞ネズミ（waltzing mouse）が知られている．ちなみに，この舞ネズミは腺腫を多発することで知られており，現在の実験用マウス C57BL 系統の胸腺腫はこれに由来すると言われている．

[マウス受精]

　射精後 1 時間経過すると，精子尾部（鞭毛）の運動パターンが対称的な小さい動きから，ムチのような非対称的な激しい動きへと変化する．これを精子の超活性化（super-activation）と呼び，受精能獲得には必須な過程である．卵細胞は卵丘細胞に包まれているがこれを突破するために，精子頭部から酵素が放出される．受精が引き金となり卵細胞の第 2 減数分裂が始まり，第 2 次極体が放出される（排卵時に第 1 次減数分裂は終わっている）．ついで，母，父親由来の染色体周辺に個別に核膜が形成される．精子では DNA はプロタミンと結合して高度に折り

畳まれているが，この過程でヒストンに置き換えられる．受精卵の両核（雌・雄前核）は卵中央に移動しながらDNA合成を進める．最初の卵割で前核は融合することなく消滅し，染色体は赤道に並び，紡錘糸に引っ張られる．1回目の卵割は受精後20時間程度で終了する．

[マウス発生学]

　哺乳動物を用いた初期発生の研究は当初，ウサギの胚を用いて行われていた．しかし，マウスの遺伝学が発展するとその役割を終えていった．マウス受精卵を用いた実験で当初の問題は2細胞期での細胞分裂停止であった．Whittenは栄養要求性を詳しく調べ，卵割に有用な人工培地の作製を行った（1956）．また豊田，横山，星は体外受精での培地を改良した（1971）．これらの業績はWhitten培地，TYH培地として現在もその名前を残している．培地の改良とともに正常胚の発生研究は奇形腫（teratoma）をモデルとして進行した．奇形種多発性マウス129/Sv系統の開発は研究材料の安定をもたらした（1994）．奇形腫は生殖腺の発生に伴う腫瘍で未分化な幹細胞を起源とする．実際，奇形種は高い増殖性と全能性を併せ持つことから幹細胞研究に大きく貢献した．これらの成果はES（embryonic stem cell）細胞およびiPS（induced pluripotent stem cell）細胞開発の先駆けとなった．

[マウスゲノム操作]

　単純ヘルペスウィルスのTK（thymidine kinase）遺伝子DNAを繊維芽細胞の核にマイクロインジェクションすると安定的に組み込まれることが報告されたのは1980年である．さらに受精卵の前核にDNAを導入すると個体細胞に遺伝子を導入できることが示された（1980-1981）．これら目的の外来性遺伝子を受精卵に導入し，新規の機能を付加したマウスはトランスジェニックマウスと呼ばれる．ES（embryonic stem）細胞は胚盤胞の内部細胞塊（ICM: Inner cell mass）を起源とする細胞で1981年に樹立された．

　1984年にES細胞の全能性がキメラマウス作製により示された．1986年には改変した遺伝情報が生殖系列を介して伝搬することも示された．さらにES細胞での高い相同組換え効率を応用した，標的遺伝子の組換え技術の応用により任意の遺伝子座を破壊する技術が確立した．この方法で破壊された遺伝子破壊マウスはノックアウトマウスと呼ばれる．

【4．実験方法】

[4.1. 材料・試薬・器具]

<装置と器材>

a. インキュベーター；b. 倒立顕微；c. 実体顕微鏡；d. マイクロピンセット；e. 眼科用ハサ；f. カミソリ；g. 26 G注射針付シリンジ；h. 35 mm培養皿；i. マイクロピペッター；j. ホットプレート

<試薬>

a. PMS（妊馬血清性腺刺激ホルモン：セロトロピン）；b. hCG（ヒト絨毛性性腺刺激ホルモン：ゴナトロピン）；c. ミネラルオイル；d. 培精用培養液（TYH）；e. 受精用培地（M2）

<マウス>
採精用雄マウスとして生後12週齢以上の成熟雄を用意する．
採卵用雌マウスとして生後6～8週齢の未成熟雌を用意する．

<過排卵処理>
マウスにPMS，およびhCGを5Uずつ48時間間隔で腹腔内注射し，過排卵を誘起する．このホルモン注射の時間は，体外受精を何時に行うかを決めて逆算する．なおPMSとhCGの投与間隔は52時間ぐらいまでは延長できるが，排卵時間はhCGの投与12～13時間後であるので注意する．

<媒精・培養液の準備>
媒精にはTYH培地，培養にはM2培地を使用する．35 mm培養皿上に各培地で20 μLのドロップを作りミネラルオイルを重層する．インキュベーター内（37℃，5% CO_2）に入れ，一晩静置し平衡化する．

[4.2. 実験上の注意]
　受精には温度管理が重要である．使わない培地は常にホットプレートの上に置くこと．

[4.3. 操作]
[4.3.1. 精巣摘出および培精（この過程は事前準備済み）]
(1) 腹部をアルコール消毒し，開腹する．
(2) 下腹部のところに大豆大の精巣とその周囲を取り巻くように精巣上体が見られるので，精巣と精巣上体を一緒に切除する（図2）．
(3) 精巣上体は頭部，体部，尾部からなっている．表面しわを目印に精巣上体尾部を取り出す．勾玉状の頭部と間違えないよう注意する．
(4) 尾部をろ紙上に置き，転がすようにして血液や脂肪をふき取る．
(5) マイクロ剪刀で精巣上体尾部に1，2ケ所切り込みを入れ，切り込み部分の反対側を指で圧迫して精子を回収し，TYH培地中に懸濁させる．
(6) 37℃，5%CO_2，95%空気の条件下で2時間培精する．この体外培養により，マウス精子に受精能獲得を引き起こすことができる．この現象を精子の超活性化と呼ぶ．2日目の実習でこの超活性化の過程を観察する．

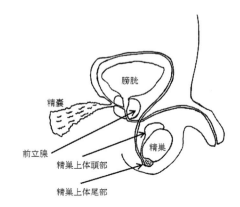

図2　マウス生殖器の構造

[4.3.2. 卵管摘出（この過程は事前準備済み，標本観察のみ）]
(1) 腹部をアルコールで消毒する．
(2) 腹部の皮膚に小切開を加え，上下端を指でつまんで引き腹筋を露出させる．

(3) 解剖用ハサミで腹筋をV字状に切開する．
(4) 腸を上に押し上げ，白いY字状の子宮を確認する（図3矢頭）
(5) 卵巣に繋がっている糸状に見られ部分，特に膨らんでいる部分を卵管膨大部と呼び，未受精卵が留まっている．（図3矢印：マウスの卵巣は卵巣嚢という膜に包まれている）．
(6) 子宮の先端部をピンセットで持ち上げて卵管を切り，引き上げるようにして卵管采のところで卵巣嚢を切るように卵管を切り出す（図4）．滅菌した濾紙の上で子宮端を切り落としながら血液などを拭う際にも丁寧に扱い，卵管をオイル中に沈める．

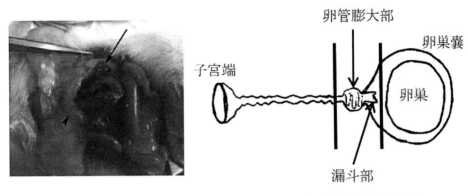

図3　マウス卵巣嚢　　　　図4　マウス卵管膨大部の切り出し

[4.3.3. 未受精卵回収（この過程は事前準備済み）]
(1) 前述したオイル中の卵管を実体顕微鏡下で観察し，卵管膨大部に卵子があることを確認する（図5）．
(2) 26G付き注射器を用いて，卵管膨大部の部位（卵管壁が透けて中の卵子が見える）を破って，オイル中に出てきた卵子塊を解剖針でM2培地中に引き入れる（図6）．この時，卵子は卵丘細胞と呼ばれる細胞に包まれている．この細胞を針で引きずるようにしながら培地に移動させる．
(3) 卵子を回収した卵管は培養皿から取り除いておく．血液の培地への混入は受精率を極端に下げるので，注意すること．

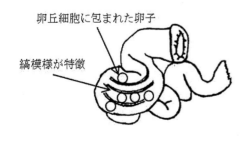

図5　卵管膨大部　　　　図6　採卵

第2部　応用編

[4.3.3. 体外受精]
(1) 培精開始から1時間半後にマイクロピペッターを用いて精子を含むTYH培地 X μL（当日指定，最終濃度 2×10^5）を未受精卵が存在するM2培地に加える．
(2) ドロップを崩さないように慎重に孵卵器に移動し，37℃で一晩，培養する．

2日目
[4.3.4. 精子の受精能獲得過程観察]
1日目で行った採精を行い，精子の受精の獲得過程（超活性化）を確認する．
(1) 「4.3.1. 精巣摘出」と同様の操作を行い，培精を開始する．
(2) 血球計算盤の上部にPre，下部にPostと油性ペンで記入する．
(3) 50 μL PBSの入った1.5 mLマイクロチューブ2本に一方にPre，他方にPostと油性ペンで記入する．
(4) 培精中の精子（Pre）を含むTYH培地 5 μL を1.5 mLマイクロチューブにそれぞれ加え，希釈する．
(5) 10 μLの精子懸濁を血球計算盤上部の溝に希釈した精子（Pre）を加える．
(6) 血球計算盤内を運動する精子を100倍で観察する．
(7) 約2時間後，培精後の精子について(3)～(6)と同様の操作を行う．ただし，サンプルはPostとして扱う．

[4.3.5. 受精卵の観察]
1日目に行った体外受精卵の結果を顕微鏡で観察する．

【5．レポートおよび課題】

(1) 未受精卵を観察するとき，卵細胞および1次極体の核型（n）はいくつか答えなさい．
(2) 未受精卵は卵丘細胞に包まれているので，そのままの状態では受精できない．受精のために必要な精子側の応答を考察しなさい．

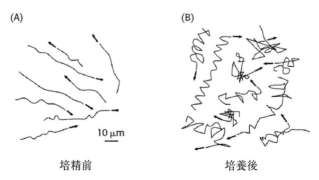

図7　精子の超活性化過程で獲得する運動性の違い

(3) 未成熟な精子と活性後の精子での運動性の違いについて述べよ．また，受精におけるこの活性化の役割を考察しなさい．
(4) 受精卵の状態について，二次極体が存在するか，正しく卵割しているかについて確認する．卵割してなかった場合，どの過程で停止したかを予想するとともにその原因を考察しなさい．
(5) 胚操作技術の応用例について，以下の項目から2つ選び，説明しなさい．
① トランスジェニックマウス
② ノックアウトマウス
③ クローン動物
④ ES（embryonic stem）細胞
⑤ iPS 細胞

22. 植物細胞の分化全能性

【1．実験スケジュール】

1日目：培地の作成
2日目：無菌植物の植え付け，葉のクロロフィル含量の測定
3日目：細胞の形態変化の観察と成長量・クロロフィル含量の測定

【2．事前の注意事項】

白衣，油性サインペン持参．爪はなるべく短く切り，長髪は束ねること．

【3．実験の背景・原理・目的】

　植物体から葉や茎などの器官や組織を切り取り，無菌条件下で適当な植物ホルモンを含む培地中で培養することにより，脱分化（器官や組織に分化した状態から未分化な状態へと変化すること）を起こさせることができる．組織が分化せず，未分化のままで生長・増殖を続けることを組織培養と呼び，未分化な細胞のかたまりはカルスと呼ばれる．
　本実験では，植物の組織を各種の植物ホルモンを含む培地に植え付け，脱分化させてカルスを誘導することによって，植物の器官や組織の分化や緑化に植物ホルモンによってどのように制御されているか考察することを目的とする．

【4．実験方法】

1日目
【4.1. 培地の作成】
[4.1.1. 材料・試薬・器具]
植物組織培養用培地をクラス全体で作成する．

- 基本培地：LS（LinsmaierとSkoog）培地

成分	mg/L	成分	mg/L	成分	mg/L
$MgSO_4 \cdot 7H_2O$	370	Na_2EDTA	37.8	H_3BO_3	6.2
$CaCl_2 \cdot 2H_2O$	440	$MnSO_4 \cdot 4H_2O$	22.3	$NaMo_4 \cdot 2H_2O$	0.25
KNO_3	1,900	$ZnSO_4 \cdot 7H_2O$	8.6	ミオイノシトール	100
NH_4NO_3	1,650	$CuSO_4 \cdot 5H_2O$	0.025	塩酸チアミン	0.4
KH_2PO_4	170	$CoCl_2 \cdot 6H_2O$	0.025		
$FeSO_4 \cdot 7H_2O$	27.8	KI	0.83		

- ショ糖：3%（w/v）
- 寒天：1.2%（w/v）
- 植物ホルモン：ナフタレン酢酸（NAA）とベンジルアデニン（BA）を下表の組み合わせで用いる．

ストック溶液の濃度 NAA 10^{-3} M, BA 10^{-3} M

		NAA 濃度（M）	
		0	10^{-5}
BA 濃度（M）	0	N0A0	N5A0
	10^{-6}	N0A6	N5A6

培地は全4種類，各600 mL（クラス全体で使用する量）
4グループに分かれて，各グループで1種類ずつ作成する．

[4.1.2. 操作]（各培地グループごとの操作）

(1) MS基本培地の無機塩類混合物（以下，混合塩類と略，粉末），1Lビーカー1個，200 mL三角フラスコ4本を準備する．ビーカーと全ての三角フラスコに植物ホルモン組成を表すラベルをする．
(2) 上記の200 mL三角フラスコ4本に植物用寒天を1.8 gずつ入れる．
(3) 混合塩類を天秤で必要量（4.6 g/L → 2.76 g/0.6 L）秤量し，1Lビーカーに入れる．
(4) ショ糖（共通の試薬スペース）を同様に秤量し（30 g/L → 18 g/0.6 L），ビーカーに入れる．
(5) (4)に蒸留水を加える（600 mL - ビタミンの体積 - 植物ホルモンの体積）．
(6) (5)にビタミン（共通の試薬スペース）を必要量（10 mL/L → 6 mL/0.6 L）加える．
(7) (6)植物ホルモン（共通の試薬スペース）を必要量加える．
(8) 加えたものを完全に溶かす（pHメーターのスターラー使用）．
(9) pHメーターでpHを5.5 - 5.7に調整する（5.5以下の時はKOHで，5.7以上の時はHClを加えて調整する）．
(10) pHを調整した，1Lビーカーに入っている培地（600 mL）を150 mLずつ，(2)の200 mL三角フラスコ4本（寒天入り）に移し，寒天が均一になるよう撹拌し（ダマが残

らないように）、サランラップでゆるくフタをして、電子レンジで溶かす。沸騰しかけたら、いったん、電子レンジから取り出して撹拌し（軍手使用）、さらに加熱して完全に溶かす。

(11) 上記操作の待ち時間の間に、培養用試験管に、植物ホルモン組成を示すラベルを貼っておく（40本程度）。ラベルは試験管の下から約3 cmのところに貼ること。フタはまだしなくて良い。

(12) 寒天が溶けたら、よく撹拌して、寒天濃度が均一になるようにする（熱いので軍手をはめて行う）。培養用試験管に約15 mLずつ分注する（試験管にはあらかじめ15 mLの位置に油性ペンで印をつけておく）。1種類の培地につき、40本程度。使用後の三角フラスコは寒天が残らないように、ブラシでしっかり洗うこと。

(13) フタをしてオートクレーブ（121℃、20 min）する。

(14) オートクレーブが80℃以下に冷えたら、試験管を取り出し、室温で固める。

[4.1.3. 無菌操作の準備]（グループ毎の操作、全部で9グループ分）

以下のものをオートクレーブ滅菌（121℃、20 min）する（グループ毎に以下の数が必要）。

- 蒸留水（メス、ピンセット冷却用）1本：100 mLの三角フラスコに蒸留水70 mLを入れ、2重のアルミホイルで蓋をする。

次のものはオートクレーブの必要なし。

- 70%エタノール　1本
- 90%エタノール　1本
- 脱脂綿　一束（10 cm位）
- ピンセット　1本
- メス　1本

[4.1.4. あとかたづけ]

使用したガラス器具類は洗剤をつけたブラシで洗い、水道水で充分に（10回以上）すすいだ後、蒸留水でリンスして、キムタオルに伏せておく。

2日目

【4.2. 無菌植物の植え付けと葉のクロロフィル含量の測定】

[4.2.1. 無菌植物の培地への植え付け]（グループごとに分かれて行う）

[4.2.1.1. 材料・試薬・器具]

- 1日目に作成して、オートクレーブした培地（4種類各1本/人）と蒸留水
- 1日目に準備したエタノール、脱脂綿、ピンセット、メス
- 無菌植物体（タバコ）
- 無菌シャーレ

[4.2.1.2. 実験上の注意]
(1) 70%エタノールは簡単に引火する．やけどする恐れあり！ 手に付け過ぎたら，クリーンベンチ内の炎から離れたところで，しばらく乾かすこと．脱脂綿を炎に近づけないこと．
(2) クリーンベンチから出した手あるいは物を，再び中へ入れるときは，70%エタノールで拭いてから入れること．
(3) クリーンベンチ内で最も汚れているものは人の「手」でである．無菌植物は手で触れずに，ピンセットで取り扱うこと．試験管の口などサンプルの触れる可能性のあるところには絶対手を触れないこと．もし，触れてしまったら，その部分を炎であぶること．

[4.2.1.3. 操作]
　操作は必ず，各自が自己責任で自分のサンプルについて行い，自分のサンプルに記名すること
(1) 使用する15分前にクリーンベンチのファンスイッチを入れる．
(2) 手をていねいに洗う．
(3) 70%エタノールで**脱脂綿全体**を湿らせて，手を拭き，クリーンベンチ内を拭く．以後，クリーンベンチ内に手を入れる際には，毎回必ずこの脱脂綿（乾いてきたら再度エタノールで湿らす）で手を拭くこと．
(4) 90%エタノールの容器，アルコールランプ，メス，ピンセットを70%エタノールで拭いてクリーンベンチ内へ持ち込む（メスとピンセットは90%エタノール容器に立てておく）．アルコールランプは中央奥に置き，90%エタノール容器は右端に置いて，フタを開けておく．
(5) 滅菌水フラスコの外側を70%エタノールで拭き，クリーンベンチ内へ持ち込み，アルミホイルのフタをしわを伸ばして破らないように外し，フラスコの首の部分を火炎滅菌して，アルコールランプの右側に置く．
(6) 無菌シャーレを袋から取り出して，素早くクリーンベンチ内に持ち込んで，1枚（1組）を中央手前におき，残りは左端へおく．
(7) 無菌植物の容器の外側を70%エタノールで拭き，クリーンベンチ内に持ち込み，中央に置き，ふたをはずしておく．
(8) 中央手前のシャーレのふたを開ける．
(9) ピンセットとメスを火炎滅菌し，滅菌水につけて冷やし，シャーレに立てかけておく．
(10) 無菌植物の葉1枚をピンセットとメスで切り取り，シャーレに移し，シャーレ内で，葉をピンセットとメスを用いて約7～8mm角に切り出す．葉が乾かないようにシャーレのふたをしておく．

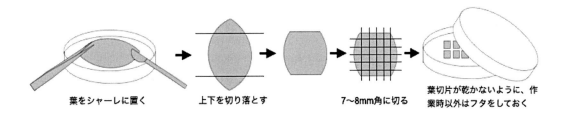

図1 葉切片の切り出し（操作10）

(11) 培地入り試験管全体を70%エタノールでふいて，クリーンベンチ内に持ち込み，フタの外側を軽く（溶けない程度）炎であぶり，はずして下向きに置いておく（試験管は上向きに置く）．試験管の口の部分を回しながら，炎であぶる．ピンセットを用いて，葉切片を寒天培地上に載せるようにして置く．試験管の口の部分を再び炎であぶり，フタをしっかりして，再度，フタの口の部分を軽く火炎滅菌してクリーンベンチの外へ出し，ビニールテープに実験者名を記入する．他の培地にも同様にして葉切片を植え付ける（培地が4種類あるので一人につき4本，終わったら次の人と交代して，(11)の操作を繰り返す）

(12) 植え付けがグループ全員終ったら，メスとピンセット，(10)のシャーレ，滅菌水，90%アルコールをクリーンベンチから出す．無菌植物の残りはクリーンベンチ内に残しておく．アルコールランプの火を消して，クリーンベンチ内を70%エタノールで拭く．

(13) 25℃，明所で約4－5週間培養し，形態変化や成長，クロロフィル含量に及ぼす植物ホルモンの作用について考察する．

[4.2.2. 葉に含まれるクロロフィルの含量の測定]（各自で行う）
[4.2.2.1. 材料・試薬・器具]
- 無菌タバコ植物体（A1〜E1は，植え付けた残りの植物，A2〜D2は別に配布する）
- 85%アセトン（氷冷しておく）
- 乳鉢と乳棒
- プラスチックシャーレ（直径35 mm）
- パスツールピペット
- マイクロチューブ
- ガラス試験管
- 10 mLメスシリンダー
- 小ハサミ
- ピンセット
- 試験管撹拌機（ボルテックスミキサー）
- 天秤
- 微量遠心機

第 2 部　応用編

- 分光光度計
- 氷

[4.2.2.2. 操作]
(1) 無菌植物の葉を 10 mm × 5 mm に切り，プラスチックシャーレに入れて重量を測定し（葉の水分が蒸発するので測定直前までフタをしておくこと），乳鉢に入れ，85% アセトン 1000 µL を加えて磨砕する．
(2) 磨砕液をパスツールピペットでマイクロチューブに移し，乳鉢にさらに 85% アセトンを 200 µL 加え，乳鉢に残った葉の残渣を吸い取って，マイクロチューブに移す．13,000 rpm，5 min 遠心する．
(3) ガラス試験管に水 4 mL を加え，油性ペンで 4 mL の印を付け，水を捨てておく．遠心の終わった抽出液の上清をそっとデカンテーション（傾けて）でガラス試験管に移す．沈殿が入らないように注意する．
(4) マイクロチューブに残った沈殿に 85% アセトンを 100 µL 加えて試験管撹拌機（ボルテックスミキサー）で懸濁し，さらに，85% アセトンを 1000 µL 加えて再度，13,000 rpm，5 min 遠心する．
(5) 上清を(3)の試験管に追加し，さらに 85% アセトンを加えて，全体の体積を 4 mL にする．全体が均一な濃度になるように，よく混合すること．
(6) 分光光度計で 663.6 nm，646.6 nm における吸光度を測定する．ただし，750 nm の吸光度を 0 とする．
(7) 次の式に基づいて，クロロフィル含量を求める．葉 1 g 当たり何 µg になるか計算する．
Porra の計算式（R. J. Porra et al,（1989）Biochimica et Biophysica Acta 975: 384-394)
単位（µgChl/mL）
Chl a = 12.25*A663.6 − 2.55 *A646.6
Chl b = 20.31*A646.6 − 4.91 *A663.6
Chl a + Chl b = 17.76*A646.6 + 7.34 *A663.6

[4.2.3. あとかたづけ]
- アセトン廃液は，廃液入れに捨てる．流しに捨てないこと．
- 使用した試験管，乳鉢，乳棒等は洗剤をつけたブラシで洗い，水道水で充分に（10 回以上）すすいだ後，蒸留水ですすぐ．
- パスツールピペットは，水道水で充分にすすぐ．
- チップボックスにチップを詰める．

3 日目
【4.3. 細胞の形態変化の観察と成長量・クロロフィル含量の測定】
　2 日目の実験で植え付けたタバコ葉切片の変化を観察し，成長や組織形態に及ぼすオーキシ

ンとサイトカイニンの影響を考察する．

① 組織の観察

まず，4種類の植物ホルモン組成の培地に植え付けた植物組織を写真撮影する．自分の植え付けたものがない場合（＝コンタミネーションしていた場合）は他の人のサンプルを貸してもらってもよい．組織分化の度合いを評価する．

② 成長に対する影響の評価

4種類の培地に植え付けた植物組織の重さを測定して，成長量を推定する．

③ 緑化に対する影響の評価−クロロフィル含量の測定

培地に植え付けた植物組織（カルス）からクロロフィルを抽出する．

[4.3.1. 培養細胞からのクロロフィルの抽出]
[4.3.1.1. 材料・試薬・器具]
- 100% アセトン（氷冷しておく）
- 85% アセトン（氷冷しておく）
- 乳鉢と乳捧
- 10 mL メスシリンダー
- パスツールピペット
- マイクロチューブ
- ガラス試験管
- アルミホイル
- 試験管撹拌機（ボルテックスミキサー）
- 天秤
- 微量遠心機
- 分光光度計
- 氷

[4.3.1.2. 操作]
(1) カルスの部分を切り取って，天秤で 0.30 g 測りとり，乳鉢に入れ，1000 µL の 100% アセトンを加えて磨砕する．
(2) 磨砕液をパスツールピペットでマイクロチューブに入れ，乳鉢にさらに 85% アセトンを 200 µL 入れて乳鉢に残った残渣をチューブに移す．13,000 rpm, 5 min 遠心する．
(3) ガラス試験管に水 4 mL を加え，油性ペンで印を付け，水を捨てておく．遠心の終わった抽出液の上清をデカンテーションで（傾けて）その試験管に移す．
(4) マイクロチューブに残った沈殿に 85% アセトンを 100 µL 加えて試験管撹拌機（ボルテックスミキサー）で懸濁し，さらに，85% アセトンを 1000 µL 加えて再度，13,000 rpm, 5 min 遠心する．
(5) 上清を(3)の試験管に追加し，さらに 85% アセトンを加えて，全体の体積を 4 mL にする．

第2部　応用編

全体が均一な濃度になるように，よく混合すること．
(6) 分光光度計で 663.6 nm，646.6 nm における吸光度を測定する．ただし，750 nm の吸光度を 0 とする．2 日目の実験で示した Porra の計算式に基づいて，カルス 1 g あたり何 µg のクロロフィルが含まれるか計算する．

[4.3.1.3. あとかたづけ]
- アセトン廃液は，廃液入れに捨てる．流しに捨てないこと．
- 植物組織と寒天は流しの水切りネットに捨てる．
- 試験管は一本ずつ洗剤を使ってブラシで洗い，充分にすすぎ，寒天や洗剤が残らないようにすること．
- 試験管のテープはすべてはずし，跡が残らないようにすること．
- 使わなかった培地，コンタミネーションしたサンプル（オートクレーブ済みのもの）も洗うこと．
- チップボックスにチップを詰める．

【5．レポートおよび課題】

(1) 形態変化に対する植物ホルモンの影響
　　写真を添付し，オーキシンとサイトカイニンのカルス形成や緑化に対する影響を考察する．
(2) 成長に対する影響
　　自分のサンプルの測定データとグループ全員のデータを集計して得られる平均値それぞれについてまとめ，オーキシンとサイトカイニンの成長に対する影響を考察する．
(3) 緑化に対する影響
　　培養前の葉と培養後のカルスについて，クロロフィル含量（Chl$a$(µg/g)，Chl$b$(µg/g)，Chl$a$ + Chl$b$(µg/g)）およびクロロフィル a/b 比（Chl$a$/Chl$b$）を計算し，自分のサンプルの測定データと培地グループ全員の測定データを集計して得られる平均値を計算する．培養前の葉と培養後のカルスのクロロフィル含量とクロロフィル a/b 比を比較して，オーキシンとサイトカイニンのクロロフィル合成に対する影響を考察する．
＊集計して平均を計算する際にはサンプル数に注意すること（コンタミネーションして全体のデータ数が少なくなっているサンプルがある）．

執筆者一覧

（大阪公立大学理学部生物化学科）

	担当章
居原 秀	13
恩田 真紀	2, 18
笠松 真吾	13
加藤 裕教	7, 14
川西 優喜	8, 20
木下 誉富	4, 17
佐藤 孝哉	3
白石 一乘	9, 10, 20, 21
竹田 恵美	6, 22
竹中 延之	3
円谷 健	1
中瀬 生彦	5, 16
原 正之	15
藤原 大佑	16
道上 雅孝	16
森 英樹	9, 10
森次 圭	11, 12, 19

（あいうえお順）

大阪公立大学出版会（OMUP）とは
本出版会は、大阪の５公立大学－大阪市立大学、大阪府立大学、大阪女子大学、大阪府立看護大学、大阪府立看護大学医療技術短期大学部－の教授を中心に2001年に設立された大阪公立大学共同出版会を母体としています。2005年に大阪府立の４大学が統合されたことにより、公立大学は大阪府立大学と大阪市立大学のみになり、2022年にその両大学が統合され、大阪公立大学となりました。これを機に、本出版会は大阪公立大学出版会（Osaka Metropolitan University Press「略称：OMUP」）と名称を改め、現在に至っています。なお、本出版会は、2006年から特定非営利活動法人（NPO）として活動しています。

About Osaka Metropolitan University Press (OMUP)
Osaka Metropolitan University Press was originally named Osaka Municipal Universities Press and was founded in 2001 by professors from Osaka City University, Osaka Prefecture University, Osaka Women's University, Osaka Prefectural College of Nursing, and Osaka Prefectural Medical Technology College. Four of these universities later merged in 2005, and a further merger with Osaka City University in 2022 resulted in the newly-established Osaka Metropolitan University. On this occasion, Osaka Municipal Universities Press was renamed to Osaka Metropolitan University Press (OMUP). OMUP has been recognized as a Non-Profit Organization (NPO) since 2006.

最新生物化学実験
―入門から応用へ―

2025年3月31日　初版第1刷発行

編　者　　大阪公立大学 理学部生物化学科
発行者　　八木　孝司
発行所　　大阪公立大学出版会（OMUP）
　　　　　〒599-8531 大阪府堺市中区学園町１－１
　　　　　大阪公立大学内
　　　　　TEL 072(251)6533　FAX 072(254)9539
印刷所　　和泉出版印刷株式会社

©2025 by Each chapter's author, Printed in Japan
ISBN 978-4-909933-91-1